Rensheng Shunxi Wanbian,
Niyao Xuehui Jianchi

人生瞬息万变，
你要学会坚持

李贝林◎著

广东旅游出版社
GUANGDONG TRAVEL & TOURISM PRESS
悦读书·悦旅行·悦享人生
中国·广州

图书在版编目（CIP）数据

人生瞬息万变，你要学会坚持 / 李贝林著. — 广州：广东旅游出版社，
2013.9（2024.8重印）

ISBN 978-7-80766-631-8

Ⅰ.①人… Ⅱ.①李… Ⅲ.①成功心理 - 通俗读物 Ⅳ.①B848.4-49

中国版本图书馆CIP数据核字（2013）第197857号

··

人生瞬息万变，你要学会坚持

REN SHENG SHUN XI WAN BIAN，NI YAO XUE HUI JIAN CHI

出 版 人　刘志松
责任编辑　何　阳
责任技编　冼志良
责任校对　李瑞苑

广东旅游出版社出版发行

地　　址	广东省广州市荔湾区沙面北街71号首、二层
邮　　编	510130
电　　话	020-87347732（总编室）　020-87348887（销售热线）
投稿邮箱	2026542779@qq.com
印　　刷	三河市腾飞印务有限公司
	（地址：三河市黄土庄镇小石庄村）
开　　本	710毫米×1000毫米 1/16
印　　张	15
字　　数	200千
版　　次	2013年9月第1版
印　　次	2024年8月第2次印刷
定　　价	68.00元

本书若有倒装、缺页影响阅读，请与承印厂联系调换，联系电话 0316-3153358

序言
Preface

　　人生匆匆数十载，能够留给我们奋斗的时间又有多少？屈指算算，不过二十几岁到五十岁之前这短短的近三十年的时间。或许有些人不认同这种说法，用大器晚成之人作比较。但客观地说，能在人生暮年做出一番事业的又有几人？大多情况下，我们都是在少壮时期努力，到暮年时则该享儿孙之乐，颐养天年了。

　　上苍吝啬，留给我们奋斗的时间少之又少，已不允许我们去浪费和挥霍。我们要成功，要生命精彩，就要时刻检视自己，尽可能地少走弯路，节省下心力和体力去营造美好人生。

　　这话说起来容易，做起来则不易，尤其是对于涉世未深的年轻人来说，该如何把握自己，打造一个良好的人生开端呢？

　　我们应该这样：

　　倘若不喜欢自己的工作，要么卷铺盖走人，要么就让自己喜欢上它。是的，初出茅庐的我们难免心高气傲，却往往又是眼高手低。古人云："一屋不扫，何以扫天下？"心气太高，大事做不了，小事不想做，到头来岂不是一事无成？所以，我们做事，要么不做，要么坚持做到最好！

　　我们不能浮躁，浮躁往往催智昏，在纷扰复杂的世界中，我们需要让自己时刻保持一份冷静。在冷静中思考，在思考中成熟，在成熟中升华。切不要因为浮躁而乱了方寸，做一些无聊且无益的事情，空耗时间与精力。

我们不可怨天尤人，让自己像玻璃那样脆弱。人生总有起起落落，任谁都难免有"走背运"之时。这不是老天对我们不公，只是我们在某些准备上有所缺失。吃一堑长一智，我们应该振奋精神、检视失败、充实自己，让自己变得更加强壮，从点滴积累，坚持下去，当可水到渠成。

我们必须把握机遇，机不可失，时不再来。在机会面前，我们不能做懒汉，守株待兔我们什么也得不到。当我们还在抱怨时，或许对面那个与我们同样落魄的"倒霉鬼"已经抓住机遇一跃而起。对于机会，我们要坚持寻找，这样当它出现时我们才不会错过它，我们才能抓住它！

这是个"拼"的时代，有人拼爹，有人拼朋友……形形色色，各显神通。不管愿不愿意，但没有人脉、没有关系，我们想做点事还真就不是那么容易。所以，不要冷落了亲戚、不要冷落了朋友，用我们的本事将他们融合在一起，坚持联系，有了他们的支持，我们才能在有限的时间内闯出一片天地。

记住管好自己的嘴巴。言多必失，祸从口出，别让自己在口舌上纠缠不清，这不仅会影响我们的前途，更会降低我们的人格。所以，说话坚持口下留情，闲谈莫论人非。

人生中的事瞬息万变，有太多太多需要我们考虑的内容，谨慎一些、冷静一些、坚持一下，我们就会成功！

目 录
Contents

■■ 第一章 坚持目标和方向，漫无目的终必错失良机

目标是成功的起点。人生路上，每走一步，我们都需要一个明确的目标作指引。缺少了目标，你往往会茫然无措，只能徒劳地转着一个又一个的圈。而当你将对目标的追求变成一种执着时，你会发现，自己所有的行动都在朝着这个目标努力。

■■ 第二章 坚持自己的"野心"，平庸才会远离你

拿破仑·波拿巴曾经说过："不想做将军的士兵不是好士兵。"做人总是该有点野心的，因为若是你自视为奴隶，那就永远也不会成为自己人生的主人。

第三章　坚持一切从实际出发，你才能拥有未来

理想纵然美丽，也要基于实际，人生要一步一个脚印。有道是"万丈高楼平地起""一屋不扫，何以扫天下"，唯有将基础打好，从细处做起，人生的发展才会迅速而稳固。

第四章　坚持自立，自己才是自己的靠山

靠山山会倒，靠人人会跑！别指望永远依赖别人，别奢望有谁会一辈子让你依靠。人生所能依靠的，只有你自己。"人"字那一撇一捺就是独立的支撑，活着，一定要对得起这个"人"字！

第五章　坚持寻找，机会就在不远处等着你

机会有时真的就像小偷，它来时悄无声息，走时却让你损失惨重。人生需要机会来成就，但机会难得，需要你去寻找，倘若你找到了它，请一

定双手握紧它，否则，后悔的只能是你自己。

▍▍第六章　坚持变通，不要去撞南墙

　　正所谓"条条大路通罗马"，我们没有必要一条路走到黑。此路不通就绕行，撞了南墙就回头，不要将固执当执着，将莽撞当无畏。若是有他法可寻，又何必将自己撞得血流不止呢？

▍▍第七章　坚持不放弃，你要学会勇往直前

　　有个日本诗人曾这样说道："生活就是——跌倒七次，爬起八回。"是的，人生之路不平坦，谁都难免有跌倒之时，跌跟头并不可怕，只要你引以为戒、吃一堑长一智，就能让自己走得越来越快、越来越稳。怕就怕你趴在那里，一辈子不起来！

▌▌▌第八章　积累"人脉"，不要孤立自己

　　人脉好比一座不可估价的矿藏，拥有这座矿藏，你便等于拥有了取之不尽、用之不竭的财富。聪明人认识到这一点，所以聪明人成功了；愚蠢的人认识不到这一点，所以他们离成功总是有些遥远。有些人一辈子认识不到这一点，于是，一辈子不见有什么起色。

▌▌▌第九章　坚持言而有信，不做失信之人

　　高尔基曾经说过："走正直诚实的生活道路，必定会有一个问心无愧的归宿。"做人当以诚信为本，古往今来那些有大作为者莫不如是。人无信，则不立，试想，谁又愿意与一个满口谎言、毫无信用的人打交道呢？

▌▌▌第十章　坚持淡定，不做愤怒的小鸟

　　生活不会一帆风顺，人生亦不可能随心所欲，人的情绪出现波动也实属正常。但切记：要控制！莫做烈火金刚，动不动便大发雷霆、火冒三丈。这样非但不利于解决问题，反而会伤害人与人之间的感情，将关系弄僵，使原本就不如意的事情雪上加霜。

第十一章　坚持留余地，言多必失

　　不能管住自己舌头的人，不仅容易伤人，而且容易招灾。谨言慎语不是要我们不说话，而是希望我们懂得什么时候该说，什么时候不该说。有道是"病从口入，祸从口出"。切记：无论对人还是对己，请多口下留情。

第十二章　坚持"糊涂"，聪明反被聪明误

　　"灵芝与草为伍，不闻其香而益香；凤凰偕鸟群飞，不见其高而益高。"聪明不是用来显摆的，出头的椽子必然先烂。做人做事，还是糊涂一点好。

▎▍第十三章　坚持奋斗，不要总是努力找工作

在商言商，老板创立企业终归是为了谋利。对于老板而言，能达到工作要求，那么你合格；能比他们的要求略高一点，那么你有培养价值；倘若你总是能够创造比老板的期望值更多的价值，那么，他们会对你委以重任。相反，倘若你在工作中充满惰性、时常抱怨、得过且过，那么你一定会被排斥或取代。有这样一句话请记住：今天工作不努力，明天努力找工作！

▎▍第十四章　坚守爱情，幸福就不会远离你

感情世界纵然充满变数，但只要真诚、用心，我们完全可以把握幸福。怕就怕我们不将幸福当成一回事，随意地挥霍，那么，幸福必将离我们远去。朋友们，该做什么心里应该有数，千万不要在人生的道路上犯糊涂。

第一章

坚持目标和方向，漫无目的终必错失良机

目标是成功的起点。人生路上，每走一步，我们都需要一个明确的目标作指引。缺少了目标，你往往会茫然无措，只能徒劳地转着一个又一个的圈。而当你将对目标的追求变成一种执着时，你会发现，自己所有的行动都在朝着这个目标努力。

没有方向的路，百分之九十都是弯路 ◀◀◀

目标是指路明灯，缺乏目标便无坚定的方向；方向不明，动力便会全失。一个人目标越高，生活便越丰富，唯有目标明确，才不会在人生的海洋中迷失航向。人生不止，奋斗不息，点亮目标，照亮生命。

上古时，黄帝大战蚩尤于涿鹿，蚩尤请来风伯、雨师助阵，一时间天昏地暗、浓雾遮眼、狂风大作、飞沙走石。大雾使黄帝的兵士彻底迷失了方向，不禁人心惶惶。这时，黄帝利用北斗星永远指向北方的特性，造出了"指南车"，指引着兵士冲出迷雾，最终活捉蚩尤，取得了战争的胜利。

两军交锋，双方主帅首先必须具备极强的方向感，才能够依据地势、战场形势部署进退路线，以求将折损最小化。我们的人生又何尝不是如此？人生亦是我们与命运、环境抗衡的战场，它充满变数、崎岖不平，我们只有确立了明确的方向，才能径直而去，少走弯路。

我们不妨想象一下，倘若蒙上双眼让你前往某处，你自问可以到达吗？相信，若是没有练过"听风辨位"一类的神奇功夫，这是万万做不到的。而我们的人生之路如果没有一个准确的方向，就会如同被蒙上眼睛走路一样，盲目地去走，一路上磕磕绊绊不说，甚至还会踏上很多弯路，费尽力气也难以到达自己想去的地方。

做人要有目标、人生要有方向——这俨然已是老生常谈，甚至很多人在看到这一话题时，会情不自禁地嗤之以鼻。是的，道理谁都明白，可扪心自问，我们真的为自己的人生设定了一个明确的方向，并矢志不移地朝着这个方向走下去了吗？或许，有百分之七八十的人都没有做到。

方向之于人生，一如蓝图之于大厦。蓝图有误，大厦将倾；方向不明，人生便难有出路！

但遗憾的是，很多时候我们都在走没有目标的路，在生活的沙漠中绕来绕去，找不到人生的出路。甚至，我们已经变得麻木不堪，连寻找目标、寻找出路的勇气都没有。我们每天为糊口而工作，闲暇之余，便在吃喝玩乐之间消磨时间与精力。我们很少为自己的生命定位一个高度和强度，很少朝着某个目标矢志不移地去奋斗，却又总是抱怨命运的残酷、社会的不公。我们在荒芜中徘徊，毫无方向感可言，十几年甚至几十年如一日地麻木活着，直至老去，从不曾有意识地去寻找生命中的北斗星，更别提如同北斗星一样为别人指明方向。而到头来，我们却将这人生中的错误归咎于天、归咎于地、归咎于命，这岂不是在自欺欺人？

我们真的应该反思自己的错误，趁着自己还年轻，为人生确立一个较高的通过努力能达到的生命目标。因为目标带给人的不仅仅是人生路上的方向，更是一种激励。人生但凡有个明确的方向、有个牵挂于心的念想，就不易陷入迷茫。因为你有了目标，你为了达成自己的目标或者说满足自己的某种欲望，自然而然会调动出极大的积极性，你知道自己想要的是什么，就可以朝着这个方向迈进，从而避免半途而废或者不断地踏上歧路。

作个大胆的假设，想想那从大雷音寺取得真经的师徒几人，倘若菩萨当初只是没头没尾地说一句："去取经吧！"结果又会如何？

　　或许走着走着，唐僧便会入赘女儿国，四目相对、含情脉脉、柔声细语"千万里，我追寻着你"，便不会有后来的"旃檀功德佛"。

　　或许走着走着，悟空便会转归花果山，挥舞金箍、称霸一方，战罢高歌"山也还是那座山呦，猴也还是那个猴"，便不会有日后的"斗战胜佛"。

　　或许走着走着，八戒便溜回高老庄，继续他的香艳生活，高兴时忍不住来两句"抱一抱，那个抱一抱，抱着我那妹妹上花轿"，便不会有日后的"净坛使者"。

　　或许沙僧看到这种情景，也只能心灰意冷地重返流沙河，百无聊赖之际，低沉地吟唱"深深流沙河底深深伤心"，便不会有日后的"八宝金身罗汉菩萨"。

　　或许小白龙也会回到鹰愁涧，重拾心中的阴霾，狠狠地诅咒"你把我的女人带走，你也不会快乐很久，总有一天你也和我一样，感觉无辜无助无人同情的感受"，便不会有日后的"八部天龙广力菩萨"。

　　倘若没有一个明确的方向，以上种种猜测，真的是不无可能。

　　一如最伟大的发明家爱迪生老爷子所说的那样："若想获得成功，首先必须设定目标，然后集中精力向着目标迈进。"对于你我他而言，目标无疑就是人生航道上的灯塔，指引着我们不断向前航行，它能给我们带来期盼，激发我们不断进取的欲望。反之，倘若没有目标的支撑，我们就会丧失追求成功的动力，就无法把握自己的人生轨迹。

　　人生的目标有很多种，但终极方向都是寻找幸福与快乐。只可惜很多人曲解了幸福与快乐的含义，他们在追逐幸福、快乐的过程中迷失了自我，以平庸为平淡，以懒散为安乐，自以为碌碌无为便是返璞归真的生活。殊不知，幸福与快乐应在于对明天的向往和对今天的把握。今天，是我们真实的存在，而每一个明天都会变成今天，无数个明天又构成了我们的未来。人的幸福与快乐便在于对未来的美好期盼之中，不过这美好更需要我们用今天的努力去造就。荒废了今天，我们便等于亲手毁掉了自己的未来，没有了未来，试问何处寻找快乐？但无论是今天还是未来，我们都需要依靠生命中的北斗星来指引方向，让自己迅速走出生命中的荒芜。

是一个梦，还是一个梦想 ◀◀◀

很多时候，我们的人生颓废至此，并不是因为我们最初没有梦想，而是因为我们的梦想太过"伟大"，抑或是因为我们没有将梦想坚持下来。

人生目标究竟是一个梦，还是一个梦想，主要取决于两点：第一，它是否现实；第二，你能不能坚持。

古往今来，为励青年之志，很多思想家、教育家以及所谓的专家、学者都在向人们灌输这样一种错误思想——"努力奋斗就能实现梦想！"当然，他们的出发点是好的，我们无可厚非，但事实真的是这样吗？显然不是。

梦想首先要植根于现实，要以自身的条件为基础，倘若梦想不对，那我们的努力就是盲目的，付出再多亦是枉然，倘若依旧冥顽不灵，最后的结果就是在一棵树上将自己吊死。

别不服气，梦想这个东西并不是越高远越好。成为美国总统——这个梦想够伟大吧？但可能吗？很多梦想别人能够实现，但未必适合你。

有一位朋友，是个漂亮的女孩。她原本有着一份不错的工作，月薪6000元以上，待遇优渥，对于一个普通女孩而言，应该说已经蛮好了。但她并不满足于此，因为她自高中时起便怀揣着一个梦想——有朝一日成为一名演艺明星。

说实话，这位朋友有近一米七的身高，身材倒也算得上凸凹有致，但真的一点艺术细胞和演艺功底都没有。或许是"当局者迷"吧，朋友倒是对自己的梦想抱有很大希望，每逢周末，便会在北影门前翘首以待，希望得到一个展示自己的机会。但事实上，群众演员她倒是当过几次，却不曾露过一次正脸、有过一句台词。

经历过无数次失望以后，这位朋友似乎也有所醒悟，不再像以往那样乐此不疲，谁知，自从某草根明星因在北影做群众演员而蹿红以后，朋友的"春心"又被撩拨起来，且一发不可收拾。在她看来，那么丑、那么土的一个人都能走上大屏幕，成为主角，自己天生丽质，若肯坚持就一定会有收获。

于是，她索性辞了工作，常常驻足于北影门前。在她眼中，似乎没有什么比自己这个高远的梦想更重要的了。可结果呢？至少你我迄今为止还没在大屏幕上看到她的身影，也没有听过她的名字。

几年来，她的同学、以往的同事都在事业上取得了不错的成绩，唯有她还在兀自顾影，感叹红颜薄命、天不见怜。

或许，真的要到人老珠黄那天，她才能从梦中醒来吧！

这并不是一个个例，事实上，不少年轻人确实缺乏客观的判断能力，因而滋生出错误的观念——"别人能有的我就能有！"故他们在锁定某一目标时，并未衡量自身实力、考虑自身条件，完全是头脑一热说做就做。这种情况下，多数目标已经脱离了实际需求，且与自身条件并不匹配。与现实缺少基本联系的目标，我们就不能再称之为梦想了，充其量只是一个美丽的梦而已。

还有一些人，他们也曾有过目标，而且目标也未脱离现实，却依旧将人生经营得一塌糊涂，又是何故？开篇我们已经提过，就是因为大家缺少对目标的坚持。老祖宗说："行百里者半九十。"可很多人只走了三十四十，便大呼疲惫，不肯再移动分毫，于是半途，甚至不到半途而废。

想当年，我们都曾激情四溢、朝气蓬勃，每个人心中都有着色彩斑斓的梦想，每个人都在心中构想着自己的人生路线，为自己确立了一个明确的人生方向。可是，究竟是什么让我们最终将之丢弃了呢？

或许很大一部分原因来源于生活的压力。当我们踏出校门步入社会，当我们从父母心中的"宝贝"、亲戚邻里眼中的"骄子"，一下子成为四处求职但屡屡遭拒的"乞食者"时，我们感受到了前所未有的压力，于是前途茫茫、人心惶惶。

然后，我们好不容易找份工作辛勤把活干，又不可避免地要仰人鼻息。当我们终于在职场上熬出点成绩，又该考虑结婚生子了。可是，娶不起媳妇，没车没房谁跟你？此时此刻，什么目标理想似乎都要靠后了，攒钱娶媳妇才是最实际的！

本以为结了婚以后，我们就可以安下心来做事业、圆梦想了，可入了围城以后才发现，原来婚后的琐事是如此之多。生活中的林林总总让我们不胜其烦，于是我们屈服了，我们倒在了压力的淫威之下，我们彻彻底底变成了一个庸人——书画琴棋诗酒花，当年件件不离它。而今七事都更变，柴米油盐酱醋茶。

就这样，我们之中的一大部分人开始了"当一天和尚撞一天钟"的生活，我们开始麻木不仁、得过且过，曾经的激情已然消散，曾经的目标、曾经的梦想亦随之灰飞烟灭。

生活中的巨大压力，恰好为我们的麻木制造了一个冠冕堂皇的借口——"整日为衣食住行忙得焦头烂额，哪还有精力去构思人生""别人不都是这样活的吗"……可是，当我们说出这些话时，难道心中就没有一点点遗憾、一点点惭愧吗？殊不知，我们的生活从此已经没有了目标，我们的明天会怎样也无从知晓……

压力不该成为我们放弃梦想的理由，喟叹命运不公、空有梦想无力实现，就只是弱者的行径。事实上，造物主是公平的，他赋予了每个人成功的权利与能力，关键要看你如何去把握。这世上生活的每个人压力都不小，甚至有些人的条件还不如你我，为什么他们就能成功？没错，就是因为他们能够顶住压力，对自己的理想不轻言放弃。

泰格·伍兹并没有好友科比·布莱恩特那般幸运，他是个名副其实的穷孩子，成长于洛杉矶的一个贫民区，全家十余口人挤在一所破房子中，偶尔能填饱肚子，对于他们而言就已经是一件很值得高兴的事情了。

伍兹的梦想源于一次电视访谈节目，节目的主角是高尔夫球员尼克劳斯。伍兹的心在那一刻被触动了，他暗下决心：将来一定要成为像尼克劳斯一样伟大的高尔夫球员。

　　于是，他请求父亲为自己制作一根球杆，并在自家的空地上挖了几个洞，每天都要用捡来的球在这个简易球场上苦苦练习一番。

　　他曾向父母保证，将来有了钱，一定要为他们买栋大别墅。

　　在斯坦福大学就读期间，伍兹受好友之邀，准备利用假期去一艘豪华游轮上做服务生，据说每周有600美元的收入。伍兹真的动心了，每周600美元——这能够帮助家里减轻很大的负担。

　　这时，他的中学体育老师奇·费尔曼先生来到了伍兹家——他为伍兹联系了一家高尔夫俱乐部。在得知伍兹准备去做服务生以后，费尔曼沉默片刻，突然问道："孩子，告诉我，你的梦想是什么？"伍兹心头猛地一震，低声道："像尼克劳斯一样，成为一名伟大的高尔夫球员，为父母买一栋大别墅。"

　　费尔曼高声厉问："你去做服务生，每周赚600美元，这很了不起吗？那你的梦想呢？难道它就值每周600美元吗？靠着每周600美元，你买得起大别墅吗？"

　　费尔曼老师的话犹如当头棒喝，令伍兹瞬间惊醒，曾经确立的梦想不断在伍兹脑中闪现——"我要成为像尼克劳斯一样伟大的高尔夫球员……"

　　那个暑假，伍兹并没有去游轮上工作，他接受了费尔曼老师的提议，在高尔夫俱乐部苦练球技。

　　结果如何大家都知道，2002年，伍兹成为继尼克劳斯之后首位连续斩获美国大师赛、美国公开赛大奖的高尔夫球员，实现了自己儿时的梦想。

　　你敢说自己的条件比伍兹还要差吗？他能成功，为什么你就不能？别拿天赋搪塞，没有人要你去做高尔夫球手，你完全可以根据自身的优势，为自己设立一个切实可行的目标。这目标无须多么伟大，但必须要有意义，必须要能够体现你的生命价值！当然，你还必须要坚持。

人生不该浑浑噩噩，做人不能得过且过！成功的道路是目标铺出来的，可以说拥有什么样的目标，就会拥有什么样的人生，目标不切实际抑或是半路中断目标，人生通常也就失去了意义。人生之辉煌，在于对平庸的超越，进取应是终身之事，只要具备了这种心态，只要目标可行，你就可以达到目的。

人，不可以没有后劲，半途而废，这样你的潜力就无法激发出来，莫说成功，就是想要改善生活也着实费力。然而，只要你的目标正确，只要你还在不停努力，生活就会随之发生变化。不管多苦多难，每天朝着目标迈进一点点，终有一天你会冲过终点。古人云："一日一钱，千日千钱；绳锯木断，水滴石穿。"说的就是这个道理。

所以说，一旦我们确定了自己的目标可行以后，就要朝着目标一路走下去，甭管这条路是何等的崎岖不平，也别嫌同行者寥寥无几，你需要耐得住寂寞、经得起挫折，尤其是站在诱人的十字路口，你必须守持着坚定的信念与超然的气度，以坚定而执着的生命去追寻心中的灯塔。

唯有如此，你的目标才能称为梦想，而不单单只是一个梦。

人生道路崎岖，想成功先要找"捷径" ◀◀◀

或许毫无目标的人并不存在，但始终无法实现目标的也确有人在。导致人生失败的因素很多，其中一项便是"心生畏惧"。或许就在距离成功不远处，他们离成功只有"一步之遥"，却选择了退却。试想，倘若成功有捷径可循，是不是就会少了很多遗憾呢？

成功到底有没有捷径可循？客观地说：有！但千万不要误会，这里所说的捷径并不是某些人认为的"投机取巧"，那样很难成功，即便侥幸成功也不会长久。

我们所谓的"捷径"，是指在自身能力不俗又肯拼搏奋斗的基础上，缩短成功时间或是坚定成功信念的某些技巧，它们不难寻找，就在你我的生活之中，只要我们肯用心。

生理学家早已经指出，人的神经系统大致相同。也就是说，你我与那些成功者的智商大致相同，而他们之所以能够成功，关键在于运用了正确的方法。

我们的幸运之处在于，成功者利用几十年时间摸索出来的成功经验，我们无需再用几十年时间去摸索。是的，我们只需将其借鉴过来，并结合自身的实际情况加以整合，就可以形成一套向目标进击的正确方法和技巧。

这就好比你要去某人家里做客，最省事的方法当然是让他带路，因为他对这条路线再熟悉不过。所以，无论你身处哪一领域，要想迅速得到进步，最好去寻找公司中的佼佼者，向他学习，这无疑是猎取成功的捷径之一。

此外，如果可能的话，我们不妨为自己拉拉关系，找个贵人助自己一臂之力。不要对此嗤之以鼻，诚然，一个人的成功与自身的努力分不开，但如果能够得到贵人相助，你的路就会好走很多。

想想金庸笔下的靖哥哥，资质是何等愚钝，若不是遇上了古灵精怪的俏黄蓉，得以拜九指神丐洪七公为师，又得岳父黄药师的大力支持，怎能在华山之上一展风姿？

再看看浪漫诗人徐志摩，七岁时已显天分不俗，但直至15岁依然无所突破。后拜得"大人物"梁启超为师，在他的提携下，成绩突飞猛进，最终成就了自己在诗坛上的地位。于是，我们才能读到那"一低头的温柔"，才能欣赏到那康桥上的湖波荇影。

当然，这两位的成功与他们自身的努力分不开，但谁又能否定那些"大人物"的作用呢？客观地说，只要条件允许，这绝对是有助于我们尽快取得成功的捷径。

再次，要将精力集中在一个点上。在半导体领域的领航者德州仪器公司盛传着这样一句话："写出两个以上的目标就等于没有目标！"著名成功学大师戴尔·卡耐基也曾表示："年轻人事业失败的一个根本原因就是精力太过分散。"事实的确如此，看看我们身边的朋友，很多人不乏才情，但总是不停地在各个领域中滑进滑出，到头来空耗青春与精力，终究落得个一事无成。从这个意义上说，能够将精力集中在一点上，便又是成功的一个捷径。

倘若在此基础上，你依然对成功心有余悸，觉得成功之路太过遥远，似乎难以企及，那么不妨试着将目标简单化、轻松化，将目标细化为若干等份，并不断明确目标的进展速度，或许你就能够以一种轻松的姿态去迎接挑战。

1984年，原本寂寂无闻的山本田一在"东京国际马拉松邀请赛"上摘下桂冠，可谓一举成名天下知。赛后，有记者问："请问，您夺冠有什么诀窍吗？"山本田一笑了笑，回答："我是用智慧战胜了对手！"这个回答令所有人都感到莫名其妙，谁都知道马拉松比的是体力与耐力，与智慧又有什么关系？

1986年，山本田一在米兰再次夺冠，面对同样的问题，他还是那句话——"我是用智慧战胜了对手。"这简直快让那些记者崩溃了，人们都以为山本田一在故弄玄虚。

直到十多年以后，已经退役的山本田一才在自传中道出真相，他写道："每一次比赛之前，我都会骑上山地车把比赛路线仔细观察一遍，并将途中的醒目标志记录下来。例如，第一个标志是某家银行，第二个标志是一棵树木……比赛时，我会将整个赛程分成几段，首先冲向第一个目标，然后是第二个……这样，跑完四十多公里的赛程，我也不会感觉有多累。而很多人则不一样，他们心里只有终点，结果还没跑上一半，就会觉得目标遥不可及，就觉得累了，就泄气了。"

我们应该学学山本田一，无论你与自己的目标相距有多么遥远，都要学会轻松走路。因为只有这样，你在接近目标的过程中才不会感到烦躁、迷茫，才不会在遥远的距离面前望而却步。你的目标无论距离自己有多远，都不要懈怠、胆寒，你只需将目标细化，先将精力集中在某一阶段性的目标上，才能一步步走向成功。

其实很多时候，我们之所以在走向成功的道路上折戟而返，并不是因为成功的难度太大，而是因为我们没有找到成功的捷径，觉得目标距离自己太过遥远。换而言之，我们并不是因为失败才不得不放弃，而是因为胆怯、倦怠而走向了失败。如果我们能够聪明一点，发现那些获取成功的捷径，就很容易走出一个精彩的人生。

与其好高骛远，不如先把易完成的目标实现 ◀◀◀

你站在这山脚下，这山望着那山高，却不肯尝试越过哪怕是一座丘陵，那么即便再过十年、二十年，甚至更久，你也还是站在这山脚下……

这是一个躁动的年代，滋生出一颗颗躁动的心，它让我们意气风发，这是好事。只不过，很多人一开始便将目标设得很高，未免就显得有些好高骛远。

"千里之行，始于足下"，无论你有何等的高远志向，在通往成功的这条道路上，都要一步一个脚印地去走。成功是一个循序渐进的过程，虽有捷径可循，但绝不可能一蹴而就。

其实在人生路上，有很多事情需要我们去做，这是一种原始积累，是为抵达终极目标所做的准备，没有这些积累作为铺垫，妄想一步登顶无异于痴人说梦。

你不必执拗于此，待岁月流转、历经沧桑之后你便会发现，曾经的"壮怀激烈"或许是一种错误。我们过分执着于终极目标的瑰丽，却忽略了现阶段的可行性，于是徒有一腔热情，却找不到通往成功的路径，事倍而功半。

在捷克有一位年轻人，他的名字叫齐克，18岁时，他便与同伴一起登上了欧洲第一高峰——勃朗峰。随后，他们一鼓作气先后征服了九座海拔

4000米以上的欧洲高峰。那时，他们膨胀的心已无法满足于征服欧洲那些山峰了，于是这群年轻的小伙子将目标锁定在了世界第一高峰——珠穆朗玛峰上。

攀登珠峰程序烦琐，要有签证，要到相关部门申请批文，而且对登山运动员的审核也相当严格。齐克只得求助于自己的父亲——一位国际登山者协会的常务理事，他向父亲表示："一名登山运动员，如果没有征服珠穆朗玛峰，就永远谈不上成功。"

很快，父亲便发来回信，他在信中提醒齐克——在通往成功的道路上，现阶段的最佳目标未必是最有价值的那个，而是最容易实现的那个。

在经过理智分析以后，齐克不得不承认，就他们现有的装备和素质而言，想要征服珠峰，确实是激情大于实力。于是，他对另外三名队友说："不如我们先尝试征服乞力马扎罗山。"这句话引来了另外三人的嘲笑，他们一齐鄙视齐克，认为他"胆小""胸无大志"。结果，道不同不相为谋，他们最终不欢而散、各奔东西。

此后，齐克一直遵循父亲的教导，以自身实力为准，从最容易实现的目标开始。他先后登上了乞力马扎罗山和盐泉山，2008年，又成功征服了世界第七高峰——海拔8172米的道拉吉里峰。

这天，齐克随意翻看报纸，《捷克探险报》上的一则消息令他顿时怔在当场——"三名捷克登山队员，在珠穆朗玛峰海拔8300米处失足坠崖，不幸罹难，他们的名字是……"他们就是齐克以前的三名队友……

同年6月，齐克来到珠峰脚下，凭借多年来积累的丰富经验以及十分娴熟的技术，他一步步攀登到海拔8844.43米处。站在珠峰之巅，齐克不禁想起自己的三个队友，他一度是他们眼中的胆小鬼，而今天，他却到达了他们所未能到达的高度。

人生就像登山一样，如果你一直望着最高峰，企图一步登顶，往往会徒劳无功、折戟沉沙。

心中有些想法，想要有所成就，完全可以理解。事实上，我们也需要一颗不安分的心来激发自己的斗志。只是在执行的过程中，切不要将终极目标和当前目标相混淆，从而忽略了终极目标的可行性。

也就是说，我们需要在终极目标与当前目标之间，找到一条最佳路径，它或许不能直达梦想，但这条路径上的每一个辉煌点，都是我们可以达到的。通过这条路径，我们可以逐步实现自己的梦想。

相反，倘若在通往成功的道路上，我们的眼里只有终极目标，在跋山涉水之后发现它依旧遥远，我们的心便会开始懈怠，我们的信念便会开始动摇，我们的信心便会一点点流失。或许用不了多久，我们便会感到疲惫不堪，在心理和生理的双重折磨下，无奈地选择放弃。

人生需要不断用成就感来激励，每一个哪怕微不足道的成功，对于我们而言都是信心上的一次鼓舞。倘若能够成功、成功、再成功，即便离终极目标还有段距离，也足以使我们进入一种良性循环，从而激情四溢、斗志昂扬。

就此而言，我们不仅要志存高远，同时还要有切实可行的计划和可以企及的目标，让自己每走一步都能做到心中有数，每走一步都会信心倍增，从而步步为营、矢志不移地向着自己的终极目标稳步迈进。

第二章

坚持自己的"野心"，平庸才会远离你

拿破仑·波拿巴曾经说过："不想做将军的士兵不是好士兵。"做人总是该有点野心的，因为若是你自视为奴隶，那就永远也不会成为自己人生的主人。

思想有多远，路就能走多远 ◀◀◀

做人常往高处看，人生才会有盼头，志存高远，便可免于流俗。反之，倘若你自视为奴隶，那你永远也不会成为主人……

何谓"思想"？思想即是一系列的信息输入人类大脑以后，形成的一种可以用来指导人类行为的意识。它属于理性认识，也就是人们常说的"观念"，是相对于感性认识的存在。

思想是一把双刃剑，人具有符合客观事实的正确思想，就会对自己的人生发展产生促进作用；反之，则是错误思想，或者说是狂想、妄想，而在这些错误思想的作用下，人生发展必然会受到阻碍。

那么，"思想有多远，就能走多远"这句话究竟是对是错呢？乍看上去，这是典型的唯心主义观点，已然将意识凌驾于物质之上，貌似认为思想可以主宰一切。以唯物主义观点来看——"物质第一性、精神第二性，世界的本原是物质，精神是物质的产物和反映"，它显然是错误的。其实不然，这是一个理解上的问题。此处的"思想"不单单是一种意识，更是一种积极的人生态度，抑或说是人的一种理想。试想一下，倘若一个人没有自己的理想或愿望，甚至连一点想法都没有，他能够在人生路上走多远？能够有几许作为？答案不言而喻。

毋庸置疑，一个没有思想的社会是可怕的；一个没有思想的企业是短命的；而一个没有思想的人，则必定是麻木的、沉沦的！人生需要思想来支配，思想是行动的先导，是一种凝聚力，更是前进的动力。人没有思想，无异于行尸走肉，虽然活着，但活得毫无价值，虽然存在，但存在根本没有意义。

从这个层面上讲，"思想有多远，就能走多远"就是正确的。现代人常说"性格决定人生，心态成就命运"，与此便是异曲同工。

"思想有多远，就能走多远"这句话意在提醒我们：一个人不能头脑空空地活着，想要做出点事业，就要有做事的心态，想要出人头地、高人一等，就要将自己定位为成功者。当然，这一切还是要以现实为基础。

古话说"志不强则不达"，志向是一个人对于人生追求的执着，是一种争取人生有所作为的渴望，"取法乎上，仅得其中；取法乎中，仅得其下"——一个志向短浅的人，他所能做的一定只是小事，甚至连小事都未必做得好！

这绝不是夸夸其谈，亦不是危言耸听。每个人都有懒散、软弱的一面，倘若不能将这些负面性格压制住，那么人生极易得过且过、随遇而安，人做起事来也难免畏首畏尾、瞻前顾后，其直接结果便是导致人生始终没有突破。

翻阅历史我们不难发现，古今中外那些有所成就之人，他们无不具有高远的志向以及坚定的信念，他们似乎天生便带着一种强者的自信与风范，在他们眼中似乎没有什么能够阻挡自己走向成功。虽然我们未必能够成为某一领域的精英，但至少在产生某一想法、准备做某一件事时，我们应该告诉自己"只有不想做，没有做不到"。就像贝尔博士所说的那样——"时刻想着成功、看着成功，心中便有一股力量催人奋进，当水到渠成之时，你就可以支配环境了。"是的，你的想法，只要它是实际的，就应该以最大的自信和热情将其付之于实践，直至成功为止。其实有些时候，决定人生走向的并不是你目前的条件，而是你的思想究竟有多远。

喜欢音乐的朋友，想必对谭盾之名不会陌生，这里要与大家分享的，就是谭盾成名前的一段人生插曲。

谭盾初到美国求学，很是落魄，为求生存，他索性做起了街头艺人。在此期间，他结识了一位黑人琴师，二人合作"霸占"了一块地盘——一家商业银行的门前，收入还算可以。

在解决了生活问题并有了一定资金积累以后，谭盾决定前往向往已久的艺术殿堂——哥伦比亚大学。他拜大卫·多夫斯基以及周文中先生为师，将所有精力都投入到了对音乐的探索之中。没有了经济来源，谭盾的生活也日益拮据起来，但他并未重返街头。他的思想已然超越了物质，投向了更远的地方。

1988年，在友人的帮助之下，谭盾成为首位在美国举办个人音乐会的中国音乐家；1989年，他又以一曲《九歌》闯入国际音乐殿堂。自此之后，谭盾的作品不断推陈出新，凭借实力逐步奠定了自己"国际著名作曲家"的地位。

谭盾功成名就以后，一次偶然的机会，他在自己曾经卖艺的街头又遇到了那位黑人琴师。已经整整十年了，他居然还在老地方，脸上居然依旧是那般满足。谭盾走上前去与之打招呼，二人随之攀谈起来。黑人琴师询问谭盾现在在哪里工作，谭盾简单回答了一家非常具有知名度的音乐厅。想不到，对方却说："那是个好地方，应该能赚不少钱。"眼中只有"钱"的黑人琴师怎会知道，如今的谭盾，早已是享誉全球的大作曲家了。

抛开天赋不说，单论思想深度，黑人琴师已不知被谭盾甩出多远了。同是在街头卖艺的两个人，同是在音乐方面具有一定的造诣，因为思想上的差异，便造就了两种不同的命运。

试想一下，倘若谭盾当时为了能够在物质上多享受一点，将精力投入到"卖艺"之中，荒废学业，还会不会有日后享誉全球的大音乐家？倘若黑人琴师不是安于现状，将自己的一生定位于街头卖艺，而是深造自己，寻求更高的目标，他的人生又会怎样？或许成绩不及今日的谭盾，但绝不至于数十年如一日地"当街卖唱"吧！

可见，思想的确可以影响一个人的人生变数，将思想提升到一定高度，我们的人生才能铸就一定的深度。一个人只有志存高远并笃行践履，才能避免使自己流俗，才能在人生路上有所建树。

拿破仑·波拿巴的那句壮语，时至今日依然响亮——"不想当将军的士兵，不是好士兵！"人生自当有这种豪气。当然，这并不是要你去追求那些不切实际的梦想。只是，你应该给自己一个高标准的定位，这亦是一种激励，它甚至可以鞭策着你去奋进。

人生究竟何许模样，取决于你的思想认识，与你对自己的期许和定位有着莫大关系。定位太高，不好！脱离现实、眼高于顶的人多不会有所成就，甚至会被残酷的现实打得头破血流；定位太低，无救！麻木不仁、以庸为乐的人，就只能算是一具行尸走肉。

做人当志存高远，但不能不切实际，这是每一个欲有所作为之人必须形成的认知。志存高远，至少你还有机会"咸鱼翻身"，无甚志向，那么你的人生也就没有什么盼头、没有什么希望了！

实现弹簧人生，起点越低飞得越高 ◀◀◀

无论什么样的水，只要它流入海洋，它便是海水了；无论什么样的水，只要它流入阴沟，它就是污水了。无论你是什么样的人，高贵抑或卑微，最终的成就，要看你流向哪里。

记得一位诗人说过："你是自己命运的主人，是自己灵魂的引导者。"的确，命运并非天定，人这一生是好是坏、是有价值还是无价值，主要还是取决于你对人生的态度和对方向的选择。

人之一生，或许不能选择的就只有自己的出身。有的人含着金钥匙出生，自幼锦衣玉食，无需与"千军万马"共挤"独木桥"，便可以拥有一份不错的事业，我们说：他们的起点很高。

而大部分人则和你我一样，只是出生在一个普通、平凡的家庭，没有锦衣玉食，无人从旁相助，为追求理想而四处奔波、疲惫不堪。很显然，相较于前者而言，我们的起点很低。

于是，一些人开始抱怨，抱怨在这个"拼爹"的时代没有一个好爹当后盾，抱怨命运是如此的不公。而另一些人则大不相同，他们同样出身于平凡家庭，同样感受到了命运的不公，这种差距反而激发了他们的斗志，于是他们振臂高呼："做不了富二代，就做富二代他爹！"敢问抱怨的诸君，当你们听闻这番话语时，是否会感到脸红？

其实，起点低真的没什么。君不曾闻——王侯将相，宁有种乎？

想当年，项羽只是没落世家子、国亡落魄人，眼见秦始皇浩荡出游，不禁豪气顿生："彼可取而代之！"

刘邦不过区区沛县一亭长，市井一流氓，眼见此景，亦是一番豪言壮语："大丈夫生当如此！"

结果，就是这二人，一人破釜沉舟，百二秦关终归楚；一人兵入咸阳，毁了秦朝基业，灭了西楚霸王，威风凛凛端坐朝堂。

人常说："时势造英雄。"其实不然，英雄就是英雄，即便时势不济，他也不会成为狗熊；狗熊就是狗熊，即便时势再好，他也难以化身英雄。或许我们应该这样说——"英雄造时势，时势助英雄！"事实上，人之一生能有多大建树，与出身好坏、起点高低并无多大关系，关键在于你是否是一个英雄！

英雄或许没有值得炫耀的身家，或许原本只是寂寂无闻，但在人生这条路上，无论环境何其复杂，他们总能迎难而上，无论前途多少坎坷，他们总是越挫越强。他们的人生一如弹簧——起点越低，飞得越高！

顺风兮，逆风兮，无阻我飞扬！——"打工皇后"吴士宏的这句话，读罢总是让人热血沸腾。

上世纪60年代，吴士宏出生在北京的一个普通家庭，她只读完初中便来到椿树医院做小护士。不久，吴士宏大病一场，险些丢了性命，病愈后的吴士宏突然惊觉——绝不能继续在这个勉强维持温饱的地方浪费青春！于是，吴士宏报名参加高等教育自学考试，并拿到了英语专科文凭，随后通过外企服务公司，进入名企"IBM"，她的职位是办公勤务。

这是一个卑微的角色，说得难听一点就是勤杂工，体力劳动是她的主要工作内容，譬如端茶倒水、打扫卫生等等。其实，单单辛苦一点也还好，问题是，像她这种卑微的工作又不可避免地要承受来自各方面的屈辱。

曾有一次，吴士宏推着满满一车办公用品回到公司，却被门卫故意拦在门外，要求她出示外企工作证。这显然是在故意刁难，因为像吴士宏这样的工种根本就没有配发证件，就这样，二人在门口僵持了起来。面对来来往往行人异样的目光，吴士宏满心屈辱……可这一切，她都忍了下来，她没有因为起点低而自弃，没有因为工作卑微而懈怠，而是暗暗发誓："这是最后一次，我绝不允许别人再将我拦在任何门外！"

从那以后，吴士宏加倍地努力工作、学习，一年以后她终于争取到公司内部的培训机会，并由"勤杂工"成功转型为"销售代表"。这可以说是她人生的转折点，在不懈的努力下，她从销售人员一路做到IBM中国销售渠道总经理。1998年，吴士宏与IBM分手，受聘于微软公司，任大中华区总经理。可以说，她已经登上了职业经理人的顶峰。

其实，很多成功人士都和吴士宏一样，本身的起点并不高，而他们的过人之处就在于能够将这种"不公"转化为动力，"不公"将他们压得越低，他们反而会弹得越高。这是一种强者心态，很值得我们学习。

可见，起点低真的没什么，那不过是一种磨砺，倘若你也能像吴士宏一样，将磨砺当成激励，用努力去迎接机遇，你同样能够得到别人的认可，令别人对自己高看一眼。

再者说，你起点越低，越能做出成绩，便越值得别人去尊重，不是吗？像蜀汉后主刘禅那样，纵然做到一国之君，试问又有几人认同？而闯王李自成，纵然大策有失，在后人心中是不是亦有点虽败犹荣的意味？

李白说："天生我材必有用！"

南宋道家祖师张伯端说："福祸由天不由我，天若不能尽人意，我命由我不由天！"

这二人是何等的自信与豪迈！在他们眼中，什么贫穷落魄、什么挫折灾祸，统统不足挂齿，因为"天生我材必有用"，因为"我命由我不由天"！

叶倩文唱得好——"我拿青春赌明天！"我们无法选择开始，但我们能主宰结局！更何况，我们的起点本就不高，"赌"上一把又何妨？纵然折戟沉沙，也无非从头再来，与原本的我们亦是无伤。

"有志者，事竟成，破釜沉舟，百二秦关终属楚；苦心人，天不负，卧薪尝胆，三千越甲可吞吴！"蒲松龄以此自励，寒屋之中舌耕笔耘，成"聊斋"传千古。而吴王夫差显然成了"背景帝"，他生在王侯世家，又具雄才伟略，兼得伍子胥相辅，起点不可谓不高，若上进，成就或许不在嬴政之下。只可惜，他志得意满、不纳人言、贪恋美色、重用宵小，辜负了命运的眷顾，毁却了千里河山。

历史告诉我们：英雄不论出身！起点虽低，但只要有大志、肯付出，多半会出人头地；起点虽高，但若是不长进、不作为，必然会被无情淘汰。所以，我们根本没有必要纠结于自己的起点高低，命运给予我们的起点高低都不重要，重要的是我们能否把握住结局。

放弃诸多不确定，没有不可能只有不想做 ◀◀◀

浪费时间去犹豫，无疑是在浪费自己的生命，感觉对了就是对了，无须每个环节都确定，人生有时需要那么一点点冲动。

很多事情，只要它是现实的，是可能对你有益的，那么，该出手时就出手，不要瞻前顾后。瞻前顾后说好听一点是"稳重"，说难听一点就是"没魄力"！

如果一个人总是瞻前顾后、犹犹豫豫，那么，他的人生是很难有所建树的。因为成就人生的往往都是机遇，偏偏机遇又如烟花一般，虽然美丽但转瞬即逝。或许，就在你犹豫之时，它已然溜向别处。

回忆一下，在我们已走过的岁月中，有没有一些事对你而言已是无可挽回的遗憾？譬如，有些人一直想见却没有见，等真的要见了，才知道已然天各一方；有些事一直想做却没做，等真的要做了，才知道时机已经错过……我们总是以为来日方长，却不知"明日复明日，明日何其多，我生待明日，万事成蹉跎"！

犹豫绝不是什么好的性格，它会消磨人的意志、折损人的信心，令我们对自己的能力产生怀疑，如此形成恶性循环——越怀疑越犹豫、越犹豫越怀疑……最终一事无成。

只要是正事，想到了就赶快去做！不要畏首畏尾、瞻前顾后，如果任何事都要有百分之百的把握才肯付诸行动，那你的一生也就无事可做了。

很多事情，不是不可能做到，而是我们压根儿没想做到，只要你肯"破釜沉舟"，就会发现，其实自己还有很大的潜力没有被挖掘出来。

做人一定要有点魄力。人生短短数十载，有太多的事情等待我们去尝试，你事事犹豫，只会令人生平添遗憾，丢失色彩。

有这样一个故事，读过之后或许会让你我想到些什么。

话说以前有位哲学家，长得一表人才又温文尔雅，是众多女人心中的白马王子。

这一日，一位姿容秀丽、气质脱俗的名媛敲开他的家门："让我做你的妻子好吗？请你相信，我是这个世界上最爱你的女人。"

哲学家惊叹于她的姿容和气质，更有感于她的真诚，说心里话，他是非常喜欢她的，可是他却说："让我再考虑一下。"

将美丽的女子送出家门以后，哲学家马上找来纸笔，将娶妻的好处与坏处一一罗列出来，想通过比较来决定。结果发现，二者竟各有千秋。那么，究竟是娶还是不娶呢？哲学家开始犹豫起来，左右为难，难下定论，且这一犹豫就是整整三年。

三年之后，哲学家终于作出决定——在不知如何取舍时，就选自己还没经历过的。于是，他满心欢喜地来到女子家，迎接他的是女子的父亲。

哲学家说道："您的女儿不在吗？那么麻烦您转告她，我已经考虑清楚了，我要她做我的妻子。"

老人一脸漠然："你晚来了三年，我女儿如今已是一个两岁大孩子的母亲了。"

哲学家顿时惊呆了，他为自己的犹豫追悔莫及。几年以后，哲学家含恨而终，弥留之际，他强撑着留下这样一行字——如果将人生一分为二，前半生的哲学应是"不犹豫"，后半生的哲学应是"不后悔"……

人稳重一点固然是好，但也不能太过稳重、事事稳重。毕竟，人生只是一个短暂的周期，你一再错过，还能抓住些什么？

我们不是凤凰，纵使涅槃也不会重生，根本没有机会寻回错过的人和事，此时你犹疑了，或许今生就不会再拥有。如果是这样，人生中又有多少美好让你浪费在犹豫与纠结上？

人生其实需要那么一点冲动。君不见，那些雷厉风行、做事有魄力的人往往能够斩获更多，同时也更能得到别人的赞许。他们的果断绝不是有勇无谋，而恰恰是一种成熟的体现，因为他们可以做好自己生命中的每一个决定。

我们生活在这个瞬息万变的世界上，时而走高、时而走低，站在人生的十字路口，向左还是向右，总是要作出抉择，因为人生不可能在模棱两可中度过。关键时刻，过多的思考、过多的顾虑，并不能让你有所受益，相反，甚至还会令你在拖沓中陷入危机。

有个孩子，他玩耍时在树下捡到一只出生不久、不慎跌落出巢的幼鸟。孩子想把它带回家喂养。

可是妈妈不允许家人养宠物，但这小鸟又这般可怜……左思右想之下，孩子决定还是先征得妈妈的同意再说。

他将小鸟放在家门口，便匆匆走进屋子去和妈妈商量。终于，在他的苦苦哀求之下，妈妈破例答应养这只小鸟。

可是，当他跑到门口时，脸上的兴奋瞬间凝固了，取而代之的是两行冰冷的眼泪——小鸟不见了，他看到一只野猫正意犹未尽地舔着嘴巴……

小鸟的不幸，令小男孩伤心、自责了很久，同时也使他深深地记住了一个教训——只要是自己认准的事，就绝不要再犹豫！

长大以后，小男孩凭着果断的作风、强劲的魄力，闯出了自己的一片天地。

这世间，永远不会有人叫卖"后悔药"，这世间，很多事情一旦错过就无法挽回。做人做事，还是果断一点好，顾虑太多，分人心神，影响判断，往往会痛失良机，届时悔之晚矣！

那些前怕狼后怕虎的人，纵然满腹经纶，也只能居于人后，因为他们不敢去冒险，总需要别人去探路，其实他们不过是踏着别人的足迹走路。

成功者的过人之处就在于，当人生处于某一关键点上，他们能够摒除诸多不确定因素，甘冒风险，迅速作出抉择，而往往就是这一瞬间的雷厉风行，彻底切换了他们的人生场景。

令人惋惜的是，不计其数的人之所以在人生沙场上折戟沉沙，仅仅就是因为那么一瞬间的犹豫。他们站在浅河的这边犹豫着该不该下水，又怎能品尝到彼岸甘甜的果实？

退一步说，其实有些时候，结果并不是那么重要，重要的是，在这短短的数十载中，你做了想做的事，拥有了想拥有的人，储存了一段鲜有遗憾的回忆……

生命如此短暂，不要让太多遗憾淹没你的人生，大胆地去做你想做的事情吧！

别人要的是一个点，而你要抓住整个面 ◀◀◀

统筹全局者，必能抓住机遇、突破逆境，驶入成功彼岸；鼠目寸光者，必然前途坎坷、步履维艰。人生短暂却又变化万千，若不懂得把握，如何力主浮沉！

下棋时，倘若只将眼睛盯在一颗棋子上，走一步看一步，必然会被杀得七零八落。唯有综观全局、全盘考虑，才有获胜的可能。人生亦如棋局，变幻不定、暗藏杀机，一个人若没有综观全局的见识、走一步看三步的能耐，根本无法玩转人生。

换句话说，那些能将人生玩得剔透玲珑之人，必然是胸藏丘壑，眼观六路，唯有如此他们才能看清方向，把握机遇，实现自己高远的目标。

以企业发展为例，倘若管理者卓有远见，能够把握商机、果断出击，那么这个企业多半会高歌猛进，即便此时寂寂无闻，也定然是只"潜力股"；相反，倘若企业管理者鼠目寸光，如袁绍一般果断不足又急功近利，那么这个企业肯定不会有长远的发展，即便原本拥有庞大的架构，也多半会沦为"垃圾股"。

纵观历史我们会发现，那些胸怀天下、目光深远之人，往往会作出普通人所不能理解的超前决策，遗憾的是，正因为思想太过超前，他们的决策总是会遭到各方面，尤其是当权者的抵制，但又总是能够得到后世的认可。

当然，我们或许不需要把自己搞得那般伟大，但你若想改变现状，将人生经营得有模有样，目光短浅肯定是不行的。

在这个"物竞天择、适者生存"的世界上，很多人之所以处于社会的最底层，过着混乱不堪的生活，一个很重要的原因就是他们缺少思考未来的长远意识，只看到眼前的局部利益，没有考虑到人生的长远发展，没有用进步的眼光、时代的眼光去看待人生，从而屡屡与机遇擦肩而过。可以说，一个人若想做出点成绩，长远的见识、大局观是一种必备素质，只有做到综观全局，抓"面"而不抓"点"，我们才有望在人生的竞争中胜出。

在这方面，晚清那位声名赫赫的"红顶商人"胡雪岩老爷子是很值得我们学习的。

在胡老爷子看来，做任何事都要赶在别人前面一点，眼光总要比别人放得远一些，才能步步得势——官场得势、商场得势……进而因势取利，赚得个盆满钵满。

这位被视为经商鼻祖的胡老爷子出身贫寒，做过牛倌，当过学徒，卖过火腿，倒过夜壶。不过，正所谓"金麟岂是池中物，一遇风雨便成龙"，这胡雪岩正是人中龙凤。

他少年时已由火腿行转入钱庄，从倒夜壶干起，凭借机灵的头脑，短短几年便爬上"档手"位置，可谓是少年得志，好不自在。

不过，胡雪岩年纪虽小，但见识深远，逻辑异于常人，胸襟开阔，气势恢宏，胆识过人，故才能成为清朝第一商贾。倘若他与大多档手一样目光短浅、小肚鸡肠，或许一生也不会有什么大作为。

胡雪岩在成为档手以后，便不再满足于给人打工的生活，他开始琢磨怎样才能开创一份属于自己的事业。他意识到，千百年以来，中国的传统一直是重农抑商，商人的身份太低微，如果纯粹经商或许能赚很多钱，但名声不怎么好，社会地位不高。他要想名利双收，就要像乱世枭雄吕不韦那样，走商政结合的路子。

也是机缘巧合，当时杭州有个落魄官员王有龄，铆足了劲儿想往上爬，就是苦于没有钱财运作。胡雪岩有意与他结识，随着交往的加深，王有龄一日终于在酒后对胡雪岩吐苦水："雪岩兄，我并非没有门路，只是苦于手头无钱。"胡雪岩就等着他这样说，于是慷慨道："我自有办法帮你。"王有龄听后大喜过望："他日我富贵了，绝不会忘记胡兄。"于是，当时不过二十出头的胡雪岩，竟擅作主张，挪用钱庄银子资助潦倒落魄的王有龄进京捐官。这种行为不仅砸了自己的饭碗，同时也使他在业内坏了名声，没人敢再用他，到最后，胡雪岩只得靠打零工勉强糊口。

言归正传，胡雪岩这种"愚蠢"行为在当时遭到了人们严重的嘲笑，别人都认为他的银子是"肉包子打狗——有去无回"了，但是胡雪岩对此并不在意。

就这样，在人们的讥笑声和饥寒交迫中熬了几年，胡雪岩的春天终于来了！王有龄身着巡抚官服衣锦还乡，并专程登门拜访胡雪岩，以尽报恩之事。这时，胡雪岩又玩了个欲擒故纵的手段，使王有龄对他在感激之上又加了一层敬佩。他说："我并没有什么要你报答的，只祝你官运亨通。"但是，在王有龄出面帮他洗脱污名以后，胡雪岩并没有回到钱庄，而是自己做起了生意。那王有龄也是个讲义气的人，于是利用职务之便，不断照顾胡雪岩，胡雪岩的生意自然也是越做越大、越做越好。虽然后来王有龄自尽身亡，但胡雪岩几乎又是故伎重施，一掷千金地攀上了左宗棠，从而一步步地登上了事业的巅峰。

正如成功学大师卡耐基所说的那样："做生意要有远大的眼光，要配合时代的需要。只有这样，你才能成为一名称职的、优秀的商人。"胡雪岩用他的奋斗史向我们阐述了这样一个道理：鼠目寸光终难做大事，目光远大方可成大器。他的发财经历让我们真切地见识到了远见的重要性——有远见便有颜如玉，有远见便有黄金屋，有远见便有千钟粟！

人生总要有所作为，而想要有所作为就不能没有远见，不能没有大局观念。大局观是什么？就是一种远见，是我们对人生形势的一个基本判断，对影响人生状况的各类因素的一个基本评估。试想一下，倘若你对人生中有可能出现的机遇无法预判、无法把握，对人生中有可能出现的危险无法预知、无法规避，那么，你的人生是不是只会经营得一塌糊涂？

毫不夸张地说，想要在社会上像个人一样地活着，想要让妻儿老小过得舒服一点，我们就必须有意识地培养自己从宏观上把握问题的能力，能够从整体上对问题进行分析、评估，而不是以点概面，一叶障目不见泰山！

人，只有具备这种高瞻远瞩的意识，才能总揽全局，才能把握住每一个细节，才能在处理问题时从容不迫、随机应变，从而使自己的人生之旅一帆风顺。

第三章

坚持一切从实际出发，你才能拥有未来

理想纵然美丽，也要基于实际，人生要一步一个脚印。有道是"万丈高楼平地起""一屋不扫，何以扫天下"，唯有将基础打好，从细处做起，人生的发展才会迅速而稳固。

不明白自己的人，明白不了未来 ◀◀◀

人活一世，难事何止百千，但最难之事莫过于了解自己、战胜自己、驾驭自己。自以为自知者多不自知，大多都是自以为是者，自知只是少数人的睿智。为人不求聪慧绝伦，但求自知，唯有对自己的优劣之处了然于心，方可对人生坐标进行准确定位。当你认识到自身不足时，也便是进步的开始。

一位哲人曾经说过："诚实地向自己展开自己，这是人生一道优美的风景线。"在古希腊神庙——阿波罗神庙的墙壁上，也刻着这样一句话："认清你自己。"而我们的老祖宗说得则较为简单明了："人贵在有自知之明。"自知，顾名思义就是知道自己、明白自己。古人称自知为"贵"，可见人是多不容易认清自己，这或许正应了那句诗——"不识庐山真面目，只缘身在此山中"；又称自知为"明"，可见要认清自己非具有一定智慧不行。

其实，这不过是很浅显的一个道理，你我他都懂，甚至偶尔也会拿来教化别人，但平心而论，我们之中真正能够做到自知的人，确实寥寥无几。原因何在？其根源就在于人的主观性太强！尤其是那些优越感较强的人，更是目不见睫——人的眼睛能看到很远的东西，却看不见自己的睫毛。

说得通俗一点就是，世人都喜欢听好话，尤其是那些自我感觉良好的人，在听到好话以后就会飘飘然不知所以，自以为"我"真的就是别人所说的那样，而根本不会照照镜子看看自己究竟是何等模样，更不会去考虑别人说这些奉承话的因果关系及目的。

人心复杂，一个人想听到对于自己的正确评价已然不易，在听到别人的奉承话以后还能认清自己，不为美言所动，则更是难上加难。不过，人还是要尽量保持一份清醒，否则，明白不了自己，也就明白不了未来。

这绝不是夸大其词，自我陶醉的危害远胜于来自公开的挑战！自以为是者必有不是之处，自以为明者未必心中清明，唯有自明才能明人！

花开无声，自负者必危，自满则必溢，流星在黑夜中炫耀美丽的一刹那，也就结束了自己的生命。人若流星，胜时不作衰时想，自以为天下第一、骄横跋扈、目中无人，则必不能长久。

"自知者明"与"自知不明"不过一字之差，造就的却是两种截然不同的人生。后者昏昏然不知所以，看不清自己，摆不正位置，是故无法客观地经营人生，驾驭不好生命之舟；前者"一日三省吾身"，对自己明察秋毫，有错必改，无则加勉，知己所长，避己之短，故遇事能冷静分析，善于审时度势、趋利避害，因而人生鲜有大风大浪，生命之舟更无倾覆的可能。

莫对此不以为然，试看那些人生场上的佼佼者，有哪一个是不自知之人？这里便有两件学林逸闻，很值得我们品读和思考。

据说，著名史学家方国瑜先生，年少时不仅苦读学堂课程，还拜和谦先生为师，利用闲暇之余专攻诗词。他钟爱唐诗，醉心宋词，希望有朝一日自己也能成为诗词名家。但数年弹指一挥间，他在诗词方面的造诣始终无所突破。1923年，方国瑜先生赴京求学，和谦先生前来送别，并诵玉亭"诗有别才非关学也，诗有别趣非关理也"之句以赠之，方国瑜先生生性朴实，缺乏"才""趣"，不具备诗人的才情，和谦先生此举意在点醒他。方国瑜先生谨记恩师教诲，入京以后，又拜师史学名家，几年以后便小有成就，后著成《韵声汇》和《困学斋杂著五种》二书流传于世。

无独有偶，著名教授姜亮夫先生亦有这般经历。

20世纪初，姜亮夫先生毕业于清华大学研究院。当时的他也想做一名诗人，故将自己读书时所写诗词四百余首整理成册，前往梁启超先生处请教。谁知，梁启超先生不留情面地指出：囿于理性而无华，非写诗之才。姜亮夫先生回到住处，以一根火柴将"诗作"付之一炬，从此放下"诗人梦"，埋头攻读中国历史、文言、楚辞学、民俗学等学科，成绩斐然，真可谓"失之东隅，收之桑榆"。

显然，这二位先生一开始便犯了不自知的错误，幸得高人指点又能及时醒悟，终没有走太多弯路。

其实，人人心中都有杆秤，而准不准就要看你的心正不正。评价自己时，倘若秤轻了，人就容易妄自菲薄；倘若秤重了，人就容易狂妄自大。唯有秤准了，人才能够知道自己的分量，知道自己能干什么、不能干什么，知道什么适合自己、什么不适合自己，并以此为基准，合理地去经营人生。

只是可惜，我们之中的大多数人似乎天生就有一种莫名其妙的优越感，因而总是把自己称得很重，总是觉得自己不同凡响、胜人一筹，是故做起事来不知深浅，没有金刚钻偏揽瓷器活，其结果往往是自取其辱。当然，也有一些人习惯性地称轻自己，这就是所谓的"自卑者"，他们在人前总是抬不起头来，自轻、自贱乃至自甘堕落，其人生常处于无边的灰暗和悲苦之中。

事实很明显地摆在那里——一个人唯有自知，才能对人生作出准确判断，才能对自己作出精确定位。反之，若脱离基本事实，过高评价自己或轻贱自己，就只能重复着错误的选择，让人生一片狼藉。

一位哲人曾经说过："如果将宝物放错地方，那它就是废物！"同理，如果将自己摆错位置，那你就是"废人"！

马克·吐温还是毛头小子的时候，曾一心想要在投资方面做出点业绩，发一笔大财。不过，他这个人生来就没什么经济头脑，屡战屡败，弄得自己一穷二白，负债累累，穷困潦倒。几近耳顺之年，他才看清自己，开始将精力转移到写作上。结果，仅仅三年时间，他的资产便由负转正，并最终成为举世闻名的大文豪。

由此可见，一个人且不论有多少才华，但若是"明珠暗投"，就注定会失败。可以想象一下，倘若勒布朗·詹姆斯执意演喜剧，憨豆先生执意打篮球，结果又会怎样？人生路上，面对选择时，我们首先要对自己有一个客观、准确的评价，倘若人生方向有误，请及时调整。唯有如此，我们才能少走弯路，才能一步一步地接近成功。

没有永恒的最好，只有不断完善的更好 ◀◀◀

人生志向之远大，并不在于超越别人，而在于超越自己，以今日之优异取代昨日之辉煌，一如运动场上，冠军总是在不断产生，纪录总是在不断被刷新。

澳柯玛公司有句广告词："没有最好，只有更好！"称得上是一句金玉良言。

不是吗？世界在不断变化，社会在不断发展，往昔所谓的"最好"，只会不断被新的"更好"所取代。这种现象在电子产品领域表现得尤为突出。

犹记得十几年前，腰间别着一个三星800，便足以值得炫耀一阵——翻盖手机，款式新潮，功能强大，价格昂贵，绝对称得上是小资阶层的"奢侈品"。然而再看看今天，功能强悍的iPhone4S、拥有4100万像素的诺基亚808、拥有四核处理器的三星i9300等等，不知强过三星800多少个等级。甚至，连中关村科贸大厦那些几百元一台的国内特色山寨手机，其功能和美感也要胜过它好多倍！

现实就是这样，俗话说"没有夕阳的行业，只有夕阳的企业"，竞争是残酷的，产品唯有不断创新、不断地更新换代，才能跟随市场走势；企业唯有始终保持一定的忧患意识、竞争意识，才能保持持续的竞争能力。否则，即便是处于高科技顶端的企业，也迟早会被时代的浪潮所淹没。

　　我们做人又何尝不是如此？ 21世纪，企业之间的竞争就是人才的竞争！企业所钟爱的，是那些具有创新能力、能够不断进取的实用型人才，而不是绣花枕头一般的老资历、高学历型庸才。进一步说，即便你之前具有一定的能力，甚至你曾为公司的发展立下过汗马功劳，但倘若你安于现状，不知进取，沉醉在以往的光环中，无须多久，就会像三星800一样，被新生力量所顶替，最终成为时代的淘汰品。

　　所以说，无论做什么，我们都不要懈怠，因为：没有最好，只有更好！

　　"没有最好，只有更好"其核心就在于"更好"。

　　"更好"是一个无限宽广的概念，这世间有"优秀"、有"先进"、有"专家"、有"状元"，但不过是相对而言，不过是局限在某一区域或某一群体中，都有一定的空间范围。而在这范围之外，便是"人外有人，山外有山"，便会有无数的"更好"不断出现，与此相比，原本的"最好"也要逊色不少。同时，"最好"亦受时间的限制，今日之最好，无非明日之更好的开始……如此重复，不会停息。

　　也就是说，再好的事物，也有提升的空间，想要定义事物的极限值，这恐怕要比定义"先有鸡还是先有蛋"还难！换而言之，无论我们多么出色，都不可能是"最好"，更不可能十全十美。而我们若想"更好"，就要从细微处做起，但求尽善尽美。

　　只是，这世间懒人实在太多，很多人终其一生所追求的，不过是"不求过得硬，但求过得去"，他们一直处于这种"过得去"的状态下，久而久之，便失去了"过得硬"的动力，是故人生不过如此而已。

　　而我们，要想使生存状态得到改善，就一定要改变观念：

其一，将"做到更好"当成一种追求。当球王贝利在正式比赛中踢进1000个进球以后，有记者问他："你认为哪一个球踢得最好？"贝利意味深长地回答："下一个。"贝利身为一代球王，进取之心尚如此强烈，而如今仍寂寂无闻的我们呢？有没有为自己的自满感到一点羞愧？人，应该不断追求，不能因为现在看似不错就志得意满。"更好"永无止境，任何时候，我们心中所想的都应该是"更好"！

其二，将"做到更好"作为一种精神食粮。人生在世，不限定于某一事，而是事事我们都应追求更好。唯有将"做到更好"内化成为我们的一种精神，我们才会精益求精，走在人生路上才不会因疏懒而掉队。

其三，将"做到更好"作为一种理想。正所谓"三百六十行，行行出状元"，"不想当将军的士兵，不是好士兵"。无论做什么，我们都应具备"超越最好，成为更好"的野心。做士兵，我们就要想着超越班长、排长、连长、营长……即便是去要饭，也要怀揣着成为丐帮帮主的梦想！

"李杜诗篇万口传，至今已觉不新鲜。江山代有才人出，各领风骚数百年！"这是赵翼对于"更好"的追求。再看古今中外，那些出类拔萃的杰出人士又有哪一个会将成就视为固定的终点？对于他们而言，人生的意义就在于能够不断地向前迈进，能够不断迎接新的挑战。因为他们知道，在对于"好"的追求中，没有最好，只有更好！

倘若你没有这种意识，那么就不要去谈什么人生价值。现实告诉我们：想要像个人一样地活着，就必须及时更新自我，只有不断提升自身的价值，才能进化竞争的优势，才不会被新锐力量"谋权篡位"！

彼得·詹宁斯其人或许大家并不熟悉，但是在美国他可是个"大红大紫"的人物。他是美国ABC晚间新闻的当红主播。有一段时间，他曾辞去这份令人艳羡的工作，不是被封杀，而是主动申请前往新闻第一线磨砺自己。在此期间，他做过普通记者和美国电视网驻中东特派员，而后又被派驻欧洲。

"返乡"以后，詹宁斯"官复原职"，此时的他已由当初那个青涩的"新秀"，转型成为核心主播兼记者。他作为新闻人在美国民众中受欢迎的程度，在台内一时无人可出其右。他的人生事业就这样又跨上了一个新的高度。

如果你是彼得·詹宁斯，有没有这样的精神与魄力？或许很多人要犹豫。是啊，在国内，能有几人愿意放弃"央视新闻主播"的荣誉，去接受"贫下中农再教育"呢？两相对比之下，彼得·詹宁斯的选择无疑显得更加难能可贵。

生活在这个竞争空前惨烈的时代，对于我们而言，若还想着人生能够有所建树，那么，无论从事什么工作、无论做什么事，就都不要志得意满，都不要停下进取的脚步。因为，你稍一懈怠，就有可能被超越，你驻足不前，就一定会被时代甩在身后。

所以，当我们自身的能力不能满足时代的需求时，请马上充实自己、超越自己，以适应时代的变化，如此你才能在社会上谋得一席之地。反之，若一味沉浸在以往的成就中洋洋自得，你就一定会被赶上来的后浪拍死在沙滩上。

别不相信！就拿工作来说，你要知道，企业创立的根本目的就在于盈利，是故企业主与雇员之间很难存在真正意义上的情谊。你不能满足企业发展的需求，你就是废物！而这个世界上，根本没有人愿意花钱去养一个废物。

朱熹曾有诗云："问渠哪得清如许？为有源头活水来。"倘若你希望自己在社会竞争中永远"清如许"，那就必须不断为自己注入新鲜的"源头活水"。如若不然，所有的高谈阔论，说到底就只是一个梦而已。

行动再行动 ◀◀◀

这世间，没有任何一事较之立即行动更为重要，因为机遇总是转瞬即逝。在任何一个领域，游手好闲的人都不会获得成功。即便是百兽之王想要获得一餐可口的美味，也要全力以赴去行动，不行动、不努力，就会饿死！

可以肯定的是，每个人心中都有成功的想法，只是，并不是每个人最终都能获得成功。导致人生失败的原因有很多种，其中极易被人们所忽略的一点就是拖延。拖延是个"窃贼"，它会麻痹你的意识，为你构筑一个"合理休息区"，你躺在那里，享受着被窝中温暖的气息，品味着梦中的甜美，于是久久不愿起床。即便勉强起身，亦如梦中未醒一般，睡眼朦胧、四肢发软。本该今天做的事，非要拖到明天；本该自己做的事，非要推给别人；一直不懂的事，一直不想懂；一直不会做的事，一直不想学……在拖延的麻痹下，你已然习惯了"休息区"的舒适，而对于任何劳心费力的事都会感到不适，都不愿去做。就在这个时候，"窃贼"乘虚而入，偷走本该属于你的成功果实以及你的人生希望。可是你却依然沉醉在舒适之中，乐不思蜀，对已定型的人生败局茫然不知。

这个"窃贼"的行为简直令人发指！古往今来，它不断作祟，造成了多少人间悲剧！

寒号鸟，多么可爱的小精灵，只因受到拖延的蛊惑，明日复明日，最终命丧"寒窑"。

一位朋友在几年前曾以志愿者的身份前往陕北某农村支教，回京后，向我们讲起一件憾事。

当时，在朋友任教的学校不远处有一座窑洞，窑洞内住着一位孤寡老人，他喜欢坐在窑洞门口晒太阳，每每朋友从那里经过，老人都会主动和这个"城里人"打招呼，久而久之，两人便熟络起来。

一次，朋友发现老人的窑洞顶裂了缝，便对他说："老人家，这窑洞该修一修了。"老人笑了笑："人老了，干不动了。"朋友心中有些酸楚："老人家，这个周末休息时，我来帮你修！"老人很高兴，不住地念叨："城里人，好人呐！"

然而，周末休息时，朋友因为周六去家访走了不少山路，回来时已感到非常疲惫，便想在周日好好休息一下——"下周再去帮老人修窑洞也不迟，他住了那么久也没什么事。"

可是，就在下一周周四的晚上，一场暴雨袭击了陕北大部分地区，雨停后人们才发现，老人栖身的窑洞已经被大堆黄泥所掩盖——窑洞坍塌了，孤苦伶仃的老人被活活埋在了废墟之中！因为无亲无故，那座坍塌的窑洞，便成了他永久的栖身之所……

讲到这里，朋友的双眼已蒙上了一层雾气。

"这就是我回来的主要原因。"朋友说，"我实在无法从自责中解脱出来，每一次经过那座坍塌的窑洞，我的脑中都会不断浮现老人的音容笑貌，我都会不停地责问自己'为什么不勤快一点！'为了不让自己崩溃，我选择了离开，离开那些求知若渴的学生，离开那座坍塌的窑洞。直到那时我才知道，拖延真的会害死人啊！"

朋友的话曾令我们一度陷入沉默，当然，谁也不能去指责朋友的不是，这结果谁都不想看到。何况，谁也不会想到，只是晚几天，便会造成这样不可挽回的后果。

毫无疑问，我们每个人都不想在人生中留下遗憾，那么就请将拖延这个"窃贼"从生命中赶走。拖延虽然是个顽固分子，但积极的行动正是它的宿敌，我们应该在希望尚未丢失之前，将其彻底地降服。

当这个"窃贼"怂恿你："明天再干吧！"你要马上警醒，告诉自己："明日复明日，明日何其多。我生待明日，万事成蹉跎！"

当这个"窃贼"怂恿你："停下来吧，你做不到。"你要极力反驳："天下无难事，功到自然成！"

如此，"窃贼"才会慢慢退出你的生活，还你一个积极、明媚的人生。反之，倘若你依然故我，那么在行将就木之时，或许也会默默念叨着：告诉我，告诉我，什么是完成了的？

有道是：说一尺不如行一寸。任何梦想、任何计划，唯有落实到行动上才能缩短与成功之间的距离。我们做人做事，既要心动，更要行动，否则成功永远就只是一句空话。

诚然，行动也未必一定成功，但不行动就一定不会成功。世上没有免费的午餐，天上当然也不会掉馅饼，生活不会因为你有某个想法而给你报酬，成功的果实肯定需要你用行动去换取。

一个人的成功始于梦想，但结果则取决于行动。你希望得到成功，成功也希望垂青于你，但你若不行动，失败就会赶走成功，鸠占鹊巢伴随你一生。

智者们深明此理，于是他们总是竭尽全力将拖延从生命中除名。

美国作家奥格·曼狄诺就常对自己说："我要采取行动，我要采取行动……从这一刻起，我每一小时、每一天都要不厌其烦地重复这句话，直到它像呼吸一样成为我的习惯，而那行动，要像眨眼一样成为我的本能。"

爱迪生75岁高龄时，每天仍然坚持准时到实验室报到。于是有记者问他："您打算什么时候休息？"爱迪生故作为难地答道："真糟糕，活到现在我还没来得及考虑这个问题。"爱迪生84岁那年与世长辞，他一生共有1100多项发明，是当之无愧的发明大王。对于自己的成功，爱迪生曾这样评价说："别人以为我今天的成就得益于我是个天才，这是不正确的。只要是个头脑清醒的人，只要他肯努力行动，就能取得像我一样的成就。"爱迪生有句名言——"天才是百分之一的灵感，加百分之九十九的汗水。"这汗水，就是行动。

所以，请不要再做思想上的巨人、行动上的矮子。要知道，成功是信心、耐心、诚心和持续行动的集合，仅有一个想要成功的想法，这绝不会给你的人生带来任何好处，唯有行动才能承载起你的梦想。

做好当下，才有资格谈及明天 ◀◀◀

路再长，只要一步步走下去就能走完；路再短，也要迈开双脚才能到达。人世间最难之事莫过于坚持，最易之事亦是坚持！与其盯着远方的模糊之物不放，不如着手去做身边已然清楚的事情。

东汉有一少年，名陈蕃，其祖上为河东太守，陈蕃素来胸怀大志。

陈蕃十五岁时，独居一室，其室龌龊不堪。父之友薛勤前来拜访，见状乃责其曰："孺子何不洒扫以待宾客？"陈蕃不以为然，当即反驳道："大丈夫处世，当扫除天下，安事一室乎！"薛勤随即给其当头一棒："一屋不扫，何以扫天下？"陈蕃无言以对。

显而易见，陈蕃之所以不扫一屋，无非是不屑于此。为人一世，志存高远，"欲扫天下而后快"诚然可贵，但一定要以"不屑扫屋"来表示自己"弃燕雀之小志，慕鸿鹄以高翔"，则实在令人无法苟同。

老子有云："合抱之木，生于毫末；九层之台，起于累土；千里之行，始于足下。"

荀况亦曰："故不积跬步，无以至千里；不积小流，无以成江海。"

列宁强调："人要成就一件大事，就得从小事做起。"

张瑞敏则说："什么是不简单，把每一件简单的事情做好就是不简单。什么是不平凡，把每一件平凡的事情做好就是不平凡。"

可见，古往今来、古今中外，但凡智者，无不知晓"扫一屋"与"扫天下"的哲学关系：屋存于天地间，扫天下则必扫屋，不扫屋则必不能扫天下。也就是说，天下但凡大事，必由小事积累而成，正如集腋成裘，弃小事而只问大事，无异于弃基建楼，华而无实，经不起推敲，稍有震荡便岌岌可危矣！

所以，如果你真的渴望成功，就不要轻视小事，就一定要摆正心态从小事做起。因为，唯有做好当下，才有资格谈明天。

野田圣子，于1983年进入日本东京帝国饭店工作。令她始料不及的是，自己这样一位白领丽人，在受训期间竟然被安排去洗厕所，而且上司要求，每天必须将马桶擦洗得光洁如新。

野田圣子打娘胎里出来就从未做过这么"恶心"的事情，在第一次将手伸入马桶中时，她几欲作呕。这时的她有一种想哭的冲动——自己可是一个名副其实的高才生啊，竟然沦落至此！她本想立即辞工，可又不甘心自己步入社会的第一次尝试就以失败告终。因为她曾经发誓：一定要走好人生的第一步。

就在她进退两难之际，酒店中的一位老员工给她深深上了一课。只见他拿起工具，一遍又一遍地擦洗马桶，直至光洁如新。然后……然后他竟然从马桶中盛出一杯水，连眉头都没皱一下便一饮而尽，整个过程没有一丝一毫的做作。做完这一切后，老员工微笑地看着野田圣子，他是想告诉新员工：自己清洗过的马桶绝对是干干净净的，这里的水是完全可以喝下去的！

眼前的景象给了野田圣子极大的震动，她深刻意识到，工作的价值和意义，不在于工种，关键是从事工作的人能否将一颗心放在工作上，去做出尽善尽美的成绩。从此，野田圣子暗下决心：即使一辈子洗厕所，也要做个最好的厕所工。

为了强化自己的职业态度，也为了证实自己的工作质量，野田圣子在工作完以后，曾不止一次将马桶中的水喝下。培训结束时，酒店高层前来考核，野田圣子当着所有人的面，再次重复了这一动作，结果令所有人当场震惊。尤其是酒店老总，更认为这个女子不简单。正是凭借着这种一丝不苟的工作态度，野田圣子在37岁之前，一直是东京饭店晋升最快的人。37岁那年，她成功进入小渊惠三内阁，成为日本最年轻、也是唯一的一位女性邮政大臣。

我们所要学习的，是野田圣子那种一丝不苟、凡事从一点一滴做起的精神。因为这一点一滴中，可以折射出一个人的品质；这一点一滴中可以体现出一个人的整体素质；这一点一滴中，可以反映出我们未来的生活模样。所以无论面对任何事，即便它再微不足道，我们也要脚踏实地、认真对待，力求做到尽善尽美。如此一来，再做大事时，我们才能游刃有余。

只是可惜有很多人不明此理，他们像陈蕃一样，心中只有"鸿鹄之志"，眼中只有"天下大事"，却从不知做好当下。然而，陈蕃在遭遇当头棒喝以后，终能醒悟，成一代名臣。可生活中这些痴者，又何时才能醒来呢？

成功其实很有脾气，它看不惯好高骛远的浮，气不过眼高于顶的狂，是故每每与浮狂之人遭遇，总是能避则避，断不肯与之沆瀣一气。于是乎，总有一些人日日夜夜期盼着成功的到来，却又总是与成功擦肩而过。

如薛勤所言：一屋不扫，何以扫天下！那么，小事不成，何以成大事，当下狼藉又何以谈明天？这世间事当如是：自视过高者未必高人一筹，妄图一步登天必然跌落深渊。成功容不得幻想，飘飘然于空的人生只能以失败收场。人根本没有权利选择环境，更不要妄想环境反过来适应自己，不切实际的念头只会空余悲怆！

如果你不知悔改，该做的事不做，就这样让自己悬浮在空中，那么再美好、再可行的设想，也永远只是一个设想而已。因为没有人可以不经过程而直达终点，不历平凡而直获伟大。

所以，请做好当下吧，做好当下，我们才有资格谈论明天；做好当下，成功与我们的距离就会缩短在咫尺之间。

第四章

坚持自立，自己才是自己的靠山

靠山山会倒，靠人人会跑！别指望永远依赖别人，别奢望有谁会一辈子让你依靠。人生所能依靠的，只有你自己。"人"字那一撇一捺就是独立的支撑，活着，一定要对得起这个"人"字！

可以借力于人，但别指望谁能让你依靠一辈子 ◀◀◀

爱惜自己的人，会在内心寻找快乐，而生性懦弱的人，却将快乐寄托于人，结果在寻寻觅觅、患得患失中沉沦。在这个世界上，能陪你到最后的只有自己，成功与失败都需自己承担，与别人无关，没有谁是你永远不变的靠山。

我们必须学会并适应孤独，因为没有人可以陪你一生，虽然有些无奈，但现实就是这么残酷。你要学会坚强，学会一个人去面对人生中的各种问题，因为，没有谁可以陪你到永远，没有谁能够随时出现在你身边，所以我们有必要也必须要成为自己的"救生圈"，不再一味奢望别人的帮助，要勇敢、要坚强！

诚然，每个人都希望有个依靠，这样人生真的会减少很多烦恼。可是，倘若有一天，这个依靠突然消失不见，不复出现，你的人生难道就要止步不前？

然而有些人，早已把依赖当成一种习惯，行走于世间，他们胸膛中有的就只是一颗紧紧张张、颤颤巍巍的心。

有这样一个女人，因为嫁得金龟婿从此拥有了幸福的生活。谁知天有不测风云，她的先生壮年之时因为一场车祸不幸罹难，女人一瞬时陷入了极度的悲痛与恐慌之中，她对朋友说："一直以来，我都十分依赖我先生，我需要他那双强有力的手作支撑。他在世时，只要不在身边，我就会发信息给他，对他说：'请把你的手放在我腰间，可不可以？'而他只要有时间，就一定会回短信：'我的手一直在那里！'每每此时，我都会被一种安全感和幸福感所笼罩。但倘若他不能及时回复，我就会陷入极度的恐惧和不安。"

这显然是缺乏安全感的表现，这位女士，她的人生需要一双手来作支撑。只是，纵然先生还在，谁又能保证这双手长在呢？万一它放在了别人的腰间，难道她的心就要一世不得安宁吗？

"安全感"人人都需要，但什么才是真正的安全？中国有句俗话："靠山山会倒，靠人人会跑。"世事无常，没有人会是你永远的依靠，没有人能给予你一世的安全，其实说到底，还是你自己的坚强、独立最安全、最可靠。

不是这样吗？你能依靠谁呢？是呵护你长大的父母、与你卿卿我我的爱人，还是指引你成长的导师？

是父母吗？是的，家永远是我们最温馨的港湾，在国内，几乎每位父母都心甘情愿成为孩子的依赖。可是，父母终究不能伴随我们一生。人，只有完全脱离父母，才能真正长大，只有完全学会独立，才能成为自己。若非如此，你就不是一个独立的存在，就没有独立的价值，就无法成长且超越自我，就没有能力去面对人生中的一切。那么，假如有一天，父母不在了，你该怎样去生活？

难道是爱人？假若你是一个女人，那你一定要明白，男人在迷恋你时，你就是他手中的一块宝，百依百顺、呵护备至；男人在嫌弃你时，你就是墙角的一棵草，想起时看你一眼，想不起时便任你憔悴、衰老。这话说得或许有一点绝对，但假如这种事情真的发生，那对于过分依赖男人的女人而言，绝对是世界末日的来临。其实女人应该明白，绝大多数的男人都有猎手的本能，都有猎艳的心思，他们很难将心思永远放在一个女人身上，很难将她永远当成一块宝。所以，女人应该未雨绸缪，不要使自己在离开男人以后便一无所有，最起码你要有自己的生活、自己的未来、自己的快乐。

是你人生的导师？导师与你无亲无故，他们只是你人生某一阶段的指导者，并不承担让你依靠的义务。他们给予你的，或者说你追随他们所学到的，应是能使你彻底丢掉拐杖、独立经营人生的能耐。他们指导你便是希望你有朝一日脱离依赖，建立自我，成为真正的自己。所以，终有一天他们会将你"逐出师门"，让你独自在人生中磨砺，如你已经学有所成，自然再好不过，如你令人大失所望，那他们也只会眼睁睁看着你成为一摊烂泥。因为，没有人愿意一再搀扶扶不起的阿斗。

没有人愿意被称为"阿斗"。只是，在处境艰难时，依然会希望从别人那里得到一些帮助，除此之外，你可能认为别无他法。但是，谁又肯一直平白无故地帮助你？对于别人的给予，你拿什么去回报、拿什么去换取？是物质？是情感？

其实，无论什么时候，无论处于何种状态下，最值得你依靠的，只有你自己。困境中，我们最明智的做法，就是相信自己，依靠自己，因为我们永远的靠山，就是我们那颗永远坚强的心！

下面的故事，或许能使大家从中受到启迪。

第二次世界大战期间，一位商人受战争所累破了产，他感觉像天塌下来一样，万念俱灰的他抛妻弃子，四处流浪，甚至一度想过一死了之。

只是一个偶然的机会，他看到一本名为《自信心》的励志书，由此激发出些许希望和勇气。他千方百计找到书的作者，希望对方能够帮助他重新站立起来。作者在听完他的诉苦以后，摇了摇头，淡淡地说："很遗憾，我帮不了你。"商人就像一个酒鬼偶然捡到一瓶茅台却发现里面装的不过是白水一样，瞬间萎靡下来，他喃喃自语："看来，我是真的没有希望了。"

谁知作者却说："虽然我无法令你重振雄风，但有人可以！"商人眼中瞬间放射出饿虎扑食一样的光芒。

随即，作者将他带到一面镜子前，手指镜子对他说："就是这个人！这个世界上，唯有他能令你东山再起！你必须坐下来，彻底认清这个人，要不然，你就去跳密歇根湖吧！因为如果你连他都认不清，那么无论是对你自己还是对这个世界而言，你都只是一个废物。"

商人目不转睛地盯了镜子片刻，手指划过憔悴的脸、干裂的唇、浓密的胡须，突然抱头痛哭起来。

数月以后，作者与商人偶然在街头相遇，但此时的商人已然脱胎换骨。他衣着干净齐整、满面春风，他挺着胸膛，看上去很成功的样子。商人很是感激地对作者说："谢谢您，是您为我找到了依靠，是您让我看清了真正的我。现在，我重新找回了自信，我应聘到一份待遇很不错的工作，我正在努力奋斗。将来，我会带着真正的成功再去拜访您！"

商人在镜子中找到了自己永久的依靠，也就此明白了"人"的结构含义：那一撇一捺般站立的两条腿，不就是用来作为自立支撑的吗？是故世界上真正的强者，都会将支点放在自己身上，或者说他们根本不相信其他人可以成为自己永久的靠山。他们在人生路上从容地走着，跌倒了就再爬起来，疲惫了就歇一歇，但绝不会驻足太久。因为人生太短暂，容不得太多的流连。

人的幸福应该把握在自己手上，无论是谁，最终都有可能离你而去，所以你最值得依靠的，永远是你自己。你的人生精彩与否，就在于你能否把握好自己。

靠着别人吃饭，不是"寄生虫"就是"跟屁虫" ◀◀◀

人的价值要靠独立来体现。或许你惧怕打破那层依赖关系，但不妨问问你在精神上信赖的人，看看他们是否更敬佩那些能够独立思考、独立行事的人？你若能独立，别人自会尊重你，尤其是那些曾经支配过你的人。

我们在一步步成长，残酷的现实告诉我们：必须独立！在这个竞争惨烈、压力空前的社会，你我不过是沧海一粟，我们必须努力、自立，才不至于沦落到社会的最底层。

大千世界，斗转星移，我们不过是一粒微尘。没有我们，地球依然转动不息。现实不会以你我的意志为转移，倘若别人的意志比你我更强些，我们就要竭尽全力去弥补这差距，这样，人生才不致低迷。

我们已经长大，长大的我们必须学会独立，我们得慢慢学会享受孤独，虽然这或许有一点残忍，但我们必须明白，独立是我们可以更好地生活的基本保障。

无论是工作还是生活，你必须学会独立，当你做到以后就会发现，它原来并不似想象中那般孤寂。你从依赖的圈子中脱离，失去了外力的支撑，却能获得更大的空间展示自己。

那么？你有没有这样的勇气？

你想靠着别人吃饭，做个名副其实的乞食者？

想一想，每每走过天桥、走过地下通道，看着那些衣衫褴褛、满手污泥的乞讨者，你的心中会是怎样的一种情绪？倘若对方年迈无助或是身有残疾，我们会献上一份同情与帮助；倘若对方年富力强，那么，我们抛给他们的应该就只是一份鄙夷。

那么，倘若你想靠着别人吃饭，与那些乞讨者又有何异？又或者说，你只是一个高级的乞讨者。

同样地，你所得到的应该也会是轻视、欺辱和鄙夷。

除非一种情况，你所攀附的是你的父母，他们断不会对你置之不理。于是，你无所事事，吃穿不愁，这让你感到很舒适，你就这样一直下去，衣来伸手，饭来张口，拿着父母给你的钱呼朋唤友。对此，你从不曾感到一丝愧疚。

再后来，你交了女友，到了谈婚论嫁的时候，又要父母给你买车、买房。你总觉得这些都是应该的，谁让他们生了你，生了你就要对你负责。却不知，父母辛劳半生的积蓄，已被你榨得所剩无几，若长此下去，终有油尽灯枯的时候。到那时，你又向谁去榨取？他们到年老的时候，又拿什么去颐养天年？指着你吗？就指着你这样一个"寄生虫"吗？还是，你希望看到他们像天桥下的那些人一样，匍匐街头？

你有没有想过，这种寄生的日子，何时是个尽头？一个人失去了自我，是不是就已经不再在乎尊严？其实，纵然你还在乎，但已然没有资格再去谈论这两个字！或许，这世间除了父母之外，再没有人容得下这样的你。别人或许可以帮助你一时，但绝不会帮助你一世。纵使是曾经花前月下、海誓山盟的恋人，一旦他将你视作"寄生虫"，你的好日子也就到了头。

或许很多女性朋友都有过媛媛这样的遭遇。

媛媛出嫁之前，是一家IT企业的小白领，过着小资的生活。每每ONLY、百丽上了新款衣裤、鞋子，她都会马上光临试穿，然后毫不犹豫地买下，日子过得逍遥自在、无拘无束。闲暇时，与朋友泡泡吧、看看电影、喝喝咖啡，活得非常滋润。

后来，媛媛认识了现在的老公，然后结婚，两年后有了一个漂亮乖巧的女儿。此时，老公的事业已经走上正轨，媛媛觉得自己没有必要再那么辛苦，因为老公完全有能力养着自己，于是她辞去工作，一门心思地做起了贤妻良母。

渐渐地，朋友疏远了，交际变少了。以前酷爱化妆的她，不知从何时起，已经不再涂睫毛膏、不再描眉。每每走过商场，爱美的媛媛也会去欣赏、试穿，但除非必要时，否则她很少打开钱夹。因为，她花的每一分钱，都要伸手向老公去要。有时做完家务，媛媛一个人站在阳台上，望着不远处繁华的街道，心中竟会泛起一阵阵莫名的空虚。

再后来，老公以公司资金短缺为由，削减了媛媛的生活费用，每个月只给她4000元的家用，这还要包括油费、物业费、水电费、煤气费、医药费等一切家庭支出。有时，媛媛甚至会因为钱不够用，不得不刻薄自己，但她不敢向老公开口。因为现在要靠老公养着，老公给多少就是多少，在家里，一向都是老公说了算。

又不知从何时起，老公开始早出晚归，从初结婚时的恋恋不舍到现在的来去无踪，媛媛感到老公对她越来越冷淡，夜里也没有了原来的激情。凭着女人的第六感，媛媛判断老公在外面有了别的女人，因为她能从老公身上嗅出玫瑰花香水的味道，而这种香水自己从来不用。

但她并不敢与老公摊牌，此时的她已经没有了独立生活的勇气，她害怕失去这份赖以生存的"呵护"。于是暗暗跟踪，查出那个女人是谁，然后跑到那个女人面前，苦苦哀求对方放过自己的老公，那个女人心生愧疚，应允了。可是还没过多久，她又在老公身上嗅出了茉莉花香水的味道……媛媛伤心透顶，几近崩溃，却又无可奈何——没有了他，谁来养我？我该怎么活？她觉得自己只能忍气吞声，可是，难道就这样一辈子吗？

女人一旦放弃了独立，成为男人身上的一根藤，成为男人身上的寄生虫，从此就要看男人的脸色。男人对你好，你是幸运的，男人对你不好，你只能忍着，因为离开了他你就不知怎样去生活。

那么男人呢？其实无论男人女人，若是过分依附别人，得到的都是一样的结果。你向别人乞食，就注定要看人家的脸色，人家让你往东，你不能往西；人家让你站着，你不能坐着；人家数落你，你只能听着；人家欺辱你，你只能忍着！

事实就是这样，靠别人的施舍过活，你就是"寄生虫"，如果不想被

"肠虫清"打掉，你就得安分点，别让人家感到不适。

又或者，你可以做只"跟屁虫"，人前一脸媚笑，人后捧着臭脚，天天卑躬屈膝，日日拍手叫好。人家坐着你站着，人家吃着你看着，人家摔倒你当垫背，人家打架你当炮灰，人家咳嗽一声，你立马就要捧上痰盂……

你是否可以忍受这些？如果你觉得无所谓，甚至喜欢这样的生活，那么请继续你的"执着"！但如果你不希望自尊被践踏，那么就把独立作为人生的准则。因为你不独立，没有任何人可以帮你，你必须向前努力拼搏，为今天、为明天、为今后更灿烂的生活。

你不要把独立看得太难，虽然这个过程有些痛苦，但你要鞭策自己：必须独立！因为生活还得继续，责任还没有担起，你凭什么躲在那里好吃懒做？

人生就那么几十年，你不能像只虫一样活着，即使独立的过程对你而言是一种折磨，也要咬牙坚持……

像人一样站着 ◀◀◀

命运掌握在自己手中，所以不要把希望寄托在别人身上，当人生陷入困境，首先想到的应是如何靠自己站起来，像个人一样站立。

从古至今，国人似乎已经习惯在"靠"字上做文章——"在家'靠'父母，出门'靠'朋友""背'靠'大树好乘凉"。在这个竞争惨烈的时代，很多人所关心的，并不是自己的竞争能力强不强，而是能不能找到一个过硬的靠山。因为有了靠山就可以平步青云，有了靠山在跌倒时就会被扶起。

那么，这个大写的"人"字又有何意义呢？人字一撇一捺，就是一个独立的支撑。它意味着，长大以后就要独立行走；意味着，跌倒以后就要靠着这一撇一捺自己站起来——像个人一样地站立！

然而，很多人，尤其是当代的一些年轻人，他们的人生，时至今日或许并没有经历过真正意义上的挫折。每每不小心跌倒，总是有人迅速将其扶起，因而造就了他们依附的性情。他们自幼"锦衣玉食"，即便是父母自己舍不得穿、舍不得吃；他们被父母抬着走，即便那只是两双并没有多少力量的手。他们习惯了这种被供养、被搀扶的生活，是故当生活向他们展示现实的残酷之时，他们往往会吓得像烂泥一样瘫在那里。

这时，他们会很怀念母亲温柔的怀抱、父亲强有力的臂弯，那里是何等的舒适、安逸！哪像温室外这般凄风苦雨。于是他们就趴在那里，哭泣着、回忆着，期望着有人将自己扶起。总之，他们从没有意识到，按照自然规律，人总要成长起来，从学着独自站立开始，慢慢独立行走、独立奔跑……此时的他们，或许觉得自己依然未出襁褓，他们觉得自己依然需要和风细雨般的呵护，至于如何才能使自己站立起来，那是别人的事情，是要看别人何时会来搀扶自己。于是乎，当强者已经跨出人生的起跑线、向着终点冲刺之时，他们依然瘫在那里，就像一摊腥臭的烂泥。

借问一句，这其中有没有你？你是否也和这些人一样？从来都要依靠搀扶走路，以至于忘记了双腿应有的功能，离开搀扶，便会倒地不起。你是不是也是一样承受不了一丁点的凄风苦雨，一旦遭遇挫折打击，奋发向上的热情便会沉落谷底，自我封杀站立的勇气，只能寻求搀扶赖以度日？你是不是不在乎能不能出人头地，不在乎会不会被别人看不起？

倘若真是如此，那么希望你还能警醒，爬起来，像个人一样站着！你要认识到，别人的搀扶只会造成你对生活的力不从心，而一个生活不能自理的健康人，得到的就只会是一生一世的鄙夷。你，唯有放弃等待，靠自己的双手撑起身体，靠自己的双腿稳稳站立，才能真真正正活出个人样来。

有这样一个故事或许大家都不陌生，类似的经历在你我身上可能亦曾发生。只是，你我的长辈能否如故事中的父亲那般睿智，我们又能否如故事中的留学生那般转醒呢？

一名中国大学生以极其优异的成绩考入美国一所著名学府。不过，他的热情很快被残酷的现实伤得体无完肤，初来乍到、人地两疏、沟通障碍、水土不服、饮食不惯，于是思乡日久人憔悴，病卧他乡无人知。为了治病，留学生几乎花光了银行卡里的生活费用，他的生活由此日渐拮据起来。

身体痊愈以后，留学生决定效仿前辈，靠一双手养活自己——他来到一家餐厅，做起了刷碗工，老板答应给他每小时8美元的报酬。但是，仅仅做了一个星期，留学生便再也支撑不住了。要知道，他在家里向来可是十指不沾阳春水，何时做过这么"辛苦"的工作！但是，他的生活真的成了问题。

这时的留学生已然没有了当初的踌躇满志，他觉得一个人在外生存太难，他想起了家乡，想起了父母的细心呵护，想起了老师、同学的赞许和羡慕。是啊，在国内，自己可是人人捧着、惯着的骄子，可到了国外，不但没有了昔日的风光，甚至连吃饭都成了问题。自己为何要受这份洋罪？

倘若是在国内，自己一定还是那样风光，即便有了困难，自然也有父母、老师、同学主动帮忙。思来想去，留学生觉得无论怎么比较，还是国内要好一些。于是趁着放假，他订购了回国的机票，准备回去与父母商量退学事宜。

他满心欢喜地走出机场，远远便看见前来接机的父亲。一瞬时，思念之情、委屈之情齐涌心头，他迎着父亲快步走去。久别重逢，父亲似乎也格外高兴，他张开双臂，准备给儿子一个温暖的拥抱。可就在父子即将相拥的一瞬间，父亲突然一个后撤步，留学生收力不及，一个趔趄摔倒在地。他心中很委屈，不知道父亲为何要这样，他伸出手，想让父亲将自己拉起来。然而，父亲却不为所动，他看着萎靡在地的儿子，语重心长地说道："孩子，无论何时你都要记住，自己跌倒只能自己爬起来，这个世界上没有任何一个人会是你不变的依靠。如果你希望别人看得起你，就要靠自己站起来，像个人一样站着！"

父亲的一席话令留学生满面羞红。他从地上爬起，一脸敬重地望着父亲，接过父亲递给自己的返程机票，心中已暗暗下定决心。

学期结束以后，他拿到了学校的最高奖学金；一年以后，他又在一家颇具国际影响力的刊物上连续发表数篇论文。从此以后，无论遇到什么困难、无论跌得多么重，他都能打起精神，他始终记着父亲的那句话："如果你希望别人看得起你，就要靠自己站起来，像个人一样站着！"

如果你希望别人看得起你，就要靠自己站起来，像个人一样站着！——有父如此，实在是一种幸运。

美国女诗人海伦·凯勒曾经说过："当一个人感到有一种力量推动他

去翱翔时，他是绝不应该爬行的。"你愿做一只翱翔的雄鹰，还是一只爬行的蠕虫？如果你还想在人前当人，那就爬起来，像个人一样站着！

你要拒绝别人的搀扶，培养、锻炼自己独立的能力，将依赖和拖沓甩进太平洋底，以坚强、勇猛的意志，宣告自己已经能够昂扬站立。

你一定要拒绝别人的搀扶，将他们的好心视为一种激励，你应该大声地告诉这世界："我一个人可以站起来！"如此一来，毫无疑问，你的人生会非常充实，非常绚丽。

"命运，不过是失败者无聊的自慰，不过是怯懦者的解嘲。前途只能靠自己的意志、自己的努力来决定。"爬起来像个人一样站着，别让所有人看不起！

手心向上的日子久了，你就不再是你自己 ◀◀◀

庸人习惯依赖，将自己的获得建立在别人的恩赐与施舍之上，看他人的脸色过日子。一个"靠"字，靠断了他们原本很硬的脊梁；一个"要"字，成了他们生存的法则，最后也就会要了自己的命。

《礼记·檀弓》中有这样一段记载："齐大饥。黔敖为食于路，以待饿者而食之。有饿者蒙袂辑屦，贸然而来。黔敖左奉食，右执饮，曰：'嗟！来食！'施舍而得斯于民也扬其目而视之，曰：'予唯不食嗟来之食，以至于斯也！'从而谢焉，终不食而死。"

这就是人们常说的"不食嗟来之食"，现代人常用来表示自己有骨气——宁可饿死，也不要施舍，因为一旦接受了别人的施舍，在对方面前便抬不起头来。

华夏民族历来讲究骨气，所谓"人活一张脸，树活一张皮"，又说"宁可站着死，绝不跪着活"，都是对自尊的看重。纵然在物欲横流的今天，绝大多数人依然将其视为不可触碰的底线、视为一生不变的准则，在精神与肉体之间、在精神追求与物质追求之间、在尊严与获得之间，重前者而轻后者。若二者不能两全，宁可弃后者而取前者，以使自己不至于像猪狗一样地活着。

曾看过这样一篇纪实报道：

某日，一名中年男子在苏州葑门横街嚎啕大哭，看样子伤心至极。人们很奇怪，到底是什么情况会让一个七尺男儿如此狼狈？

一问才知，原来他坐公交车时，身上的钱全部被扒手窃了去，虽不是巨款，但对他而言亦不是一笔小数目。况且，这是他辛辛苦苦攒下来，准备给母亲看病、买药的钱。

记者闻讯赶到这里并了解到，中年男人今年四十多岁，与年逾古稀的母亲相依为命。平日里，仅依靠卖点木梳、板刷之类的小百货维持母子二人的生计。生意最好的时候，每日也不过挣个五十多块，一个月千元左右的收入，还要刨除两百多元的房租，而且母亲还有心脏病！

中年男子的遭遇让记者及围观市民十分同情，大家决定各自拿出点钱帮他救救急，没想到却遭到了中年男子的拒绝，他说："我不是来骗钱的！"

随后，中年男子边哭边离开了葑门横街。他说："我要去把带出来的货卖掉，买点东西回去给老母亲吃。"他告诉记者，虽然生活十分艰苦，但自己从不愿接受别人的施舍，他觉得自己完全有能力凭着双手养活母亲。

不知您有没有被震撼？反正我是被震撼了。这只是一个平凡人的平凡想法，但是，却又让人觉得那么的不平凡。或许，绝大多数人都能够自食其力，拒绝不劳而获，但在这种生存状态下、在这种突如其来的变故发生之后，又有几人能够依然坚持自立、维护自尊呢？我们觉得他不平凡，恰恰是因为他向我们诠释了做人的意义：自力更生，用自己的双手托起生活的明天！

这原本就是华夏民族的精神传承，但是现在一部分人确实已经忘记了为人的根本，他们想不劳而获，就那样像乞讨者似的活着。

可是，人家是因为生活所迫，你又是因为什么？人家身有残疾，你有手有脚，凭什么掌心向上，要求别人的施舍？

这种人很悲哀，也很令人厌恶，于是人们创造出很多贬义词来比喻他们，比如：

寄生虫：这个比喻再恰当不过——寄生在别人身上，没有思想，不劳而获。

硕鼠：这是对特定人群的一种贬斥。

金丝雀：特指某一类女人。

啃老族：这是时下较为流行的一个词语。很多人都是这样做的，他们寄生于父母之身，不将父母啃净榨干誓不罢休。

口语中类似的贬义词数不胜数："吃软饭的""吃闲饭的""把嘴搭别人家锅沿儿上的"……可见，在正常人眼中，不劳而获、坐享其成的人是多么的厚颜无耻。

人为什么会变成这样？说到底还是惰性在作祟，还是依赖性在怂恿。依赖性是很多人狼狈一生的劣根所在，它会使人将希望寄托在别人身上，而自己舍不得出一丝一毫的力气。它会使人失去精神上的独立自主性，失去自我，由此不能独立思考，丧失独立生活的勇气，好吃懒做，坐享其成。

殊不知，手心向上的日子久了，你便不再是你！是什么？是没有自我的行尸走肉，是惰性的奴隶，是寄生虫、硕鼠、金丝雀、啃老族……人还是要靠自己，才能让人看得起。上帝不会将任何一个人逼到绝路，但也不会平白无故地给予。世人的同情心还没到泛滥成灾的地步，你四肢健全地伸手行乞，没有人会去怜悯你，没有人觉得应该施舍你，除非你愿意自残身体！

人生在世，不劳而获终不是长久之计。亦如耕种，不播下种子哪能得到果实？你每日想着上天的恩赐、别人的给予，难道就能画饼充饥？天上若果真掉下个大馅饼，你就不怕烫到你？人这一生，财富、名利、地位当靠自己去争取，若是靠人施舍，充其量只是个寄人篱下的可怜虫、一种现代奴隶而已，还谈什么抱负志向、财富名利？

如果你有心悔改，决定做回你自己，当务之急就是摆脱依赖他人的思想。注意，我们强调的是"摆脱依赖的需要"，不要曲解为"拒绝与他人交往"。你要自信自立，因为只有自信自立，才能找回自尊，才能正确评估自己，才能在生活中找到自己的位置。只有你做回了你自己，你的人生才会充实美满。

第五章

坚持寻找，机会就在不远处等着你

机会有时真的就像小偷，它来时悄无声息，走时却让你损失惨重。人生需要机会来成就，但机会难得，需要你去寻找，倘若你找到了它，请一定双手握紧它，否则，后悔的只能是你自己。

最悲催的事情，就是机会敲门你不开 ◀◀◀

与机遇无缘的，往往是那些懒散度日、优柔寡断之人。当机遇来敲门时，他们或是视而不见、或是瞻前顾后，就这样将机遇轻易送走，到头来却又抱怨时运不济。殊不知，他们没有选择相信机遇，机遇自然也不会再相信他们。

曾经，有一个非常好的机会摆在我们面前，而我们却没有珍惜，等到失去才追悔莫及，人世间最痛苦的事情莫过于此。而这一次，上天绝不会再给我们一个重来一次的机会，如果机会已然来敲门，我们却对此茫然无知，或许这就是人生最悲催的时刻。

对于机会，我们总是苦苦求索，我们渴盼着机遇的眷顾，可是当它真的来了，我们又视而不见、倍加冷落，难道还能怪自己福薄命薄？

有人说："机遇是金，稍纵即逝。"此话一点儿不错，机遇是金，它可以为我们带来成功的硕果；机遇来去无踪，你稍加冷落，它便闪身而退。我们一直期盼能够得到机遇、改变生活，可往往正是我们自己亲手关闭了机遇之门，丢失了本该属于自己的美好。看过下面这则故事，或许你会发现，很多时候，我们与那个愚蠢的穷人根本毫无区别。

以前有个穷人，他一直希望有机遇能够降临到自己身上，借以改变自己穷困的生活。不过，他最钟情的事情并不是寻找机遇，而是躺在床上睡懒觉。

有一天，穷人一觉睡到日上三竿，醒来时发现天气非常不错，碧空万里、明媚异常，于是便决定到院中晒晒太阳。

他来到屋外，倚在一块大石上，似睡非睡。忽然，一个白胡子老头来到他身边，打招呼道："你好，我的朋友。"

穷人斜睨了一眼，又迅速闭上眼睛。因为对他而言，睁眼其实也算是一件费力的事情。白胡子老头似乎很不知趣，又问道："你躺在这里做什么？"

穷人勉强睁开眼睛，回答："我在等属于我的机遇。"

"哦，你知道它长什么样子吗？"

"我不知道，因为我从来没见过它。"穷人理直气壮地说，"不过，听说它可是个宝贝，如果有幸能够得到它，就可以改变命运，升官发财都不在话下。"顿了顿，穷人似乎更来了精神，"哈哈，或许我还能娶到一个漂亮的老婆！"

"哈哈……"白胡子老头也笑了起来，"你连机遇是个什么样子都不知道，又怎么实现你那些美梦？不过，如果你相信我，那么站起来，我倒可以帮助你。"

"谢谢，你还是先帮助你自己吧。"穷人对于老头的好意显然不屑一顾，"我要在这里等我的机遇，我相信它会来找我的。"

白胡子老头闻言叹息一声，摇摇头走掉了。

这时，村中的一位智者急匆匆地赶了过来。

"刚才，他来了，你抓住他了吗？"

"谁啊？"穷人有点像丈二金刚，摸不着头脑。

"就是刚刚那个白胡子老头啊！"

"哦，他是谁？我为什么要抓住他呢？"

结果显而易见，智者一阵惋惜："他就是机遇呀！你不是一直在等他吗？可是他主动来找你，你却又让他轻易离去，哎……"

"天啊，我真的不知道他就是机遇，我竟然撵走了他，我现在就去把他追回来！"

"没用了，每个机遇只会在你面前出现一次，一旦溜走，你就再也别想挽回。你或许可以抓住下一个机遇，但如果你一直这样懒散，就肯定一个也抓不住。"

机遇究竟是个什么样子，没有人能够说得清，但只要你是个有心人，那么在它出现时，就一定能够有所察觉，并将其牢牢抓住，而不是像那个穷人一样，机遇主动来敲门，他却将之拒于门外，这是何等的愚蠢！

然而，更可气的是，一些人日日夜夜喊着没有机会，可机会真的来了，他们又畏缩起来，推三阻四、犹豫不决。譬如，某君在公司负责外贸业务，开始时就他一个人，老板欲让其挑大梁组建外贸部，该君则怕担责任，婉言拒绝。后空降一人，此人对业务不甚熟悉，但倒有几分领导才能，于是某君处处受制于人，整日长吁短叹。可是，这又能怨得了谁。

你可否有过临危受命的时刻？当时你又是如何作出选择的？须知，一念之间便可改变一个人的命运，倘若该君当初能够鼓起勇气答应下来，结果又会怎样呢？或许，以他的能力和经验，在接手之初会有些磕磕绊绊，但只要有勇气坚持下来，假以时日又何愁不能得心应手呢？

"说你行，你就行，不行也行。"别人对你寄予厚望，给你机会去展示，即便你有点小忐忑，也要勇敢地应承下来，因为这就是一个来之不易的机会，能够把握住，你便可以实现质的飞跃。亦如那蝴蝶的蜕变，不敢破茧而出，就只能困死茧中，终其一生也不过是条虫；若破茧而出，便可迎风展翅，广袤天地任其起舞。

所以，当机遇来临时，让自己清醒一些、勤快一点，多几分魄力、多几许勇气，而不是等失去机遇时顿足捶胸。

大家可否反思过，究竟是什么让我们屡屡与机遇失之交臂？我们不妨作个简单的总结：

其一，守株待兔的懒惰。

对于懒人而言，生命更像是一种负担，他们似乎只是在为活而活。他们将所有希望都寄托在等待之上，一直等待着机遇的降临，乃至从翩翩少年等到白发苍苍，却始终一无所获。可惜他们并不知道，机遇已经无数次地与自己擦肩而过。

其二，输不起的懦弱。

懦弱者多与成功无缘，因为他们缺乏最基本的自信。但凡一件事存在失败的可能，他们便不敢去做，但凡有一点点的障碍，他们就不敢去跨越。殊不知，机遇或许就在障碍的那一端，你畏首畏尾，就只能一无所获。

其三，漫无目的的散乱。

漫无目的的人，终究只会徘徊在一个小圈子里无所作为。他们的眼中没有目标或是目标过于散乱，甚至都不清楚自己究竟想要怎样的生活，又何谈把握机遇？

其四，见异思迁的摇摆。

见异思迁、摇摆不定是人的一大劣性。这样的人极易放弃自己原本的追逐，转而去效仿别人的喜好，每每半途而废，空耗时间与精力。他们在机遇来临之时，也是处于首鼠两端，摇摆之中，机遇就会弃他们而去。

当然，令我们丢失机会的原因有很多，这只是其中颇具代表性的几个。或者说在你我身上可能就存在这样的劣性，那么有则改之，无则加勉。

毫无疑问，只要是个头脑清晰的人就知道，机遇于我们到底意味着什么。所以当机遇来临之时，就不要再懒惰、不要再犹豫、不要再退缩，你只有大胆地伸出手，它才会落入你手中。

试看那些成功者，几乎无不具备果敢无畏、雷厉风行的性格，纵然他们也会犯错，但亦不知强过那些懦弱之人多少倍。他们在机遇面前总是该出手时就出手，出手的次数越多，当然能够抓住的机遇也就越多。

反观那些失败者，他们的落寞很大程度上要归咎于其本身不具备辨别机遇的能力，如此又何谈掌控机遇？兵法上说："用兵之害，犹豫最大。"细思之，人生又何尝不是如此？犹豫的最直接后果，就是导致我们屡屡与机遇擦肩而过，更进一步令我们在人生战场上折戟沉沙。

其实，人之一生，精力充沛、斗志昂扬的时光并不多。是故：有花堪折直须折，莫待无花空折枝，唯有如此，才能尽量减少我们生命中的遗憾。

是机会等你，而不是你等机会 ◀◀◀

我们不排除运气，但更重要的是如何寻找和挖掘机会，而绝不是等！因为，生命毕竟有限，唯有充分利用有限的时间与精力，我们的生命才会更加多姿多彩。

曾听老人讲过这样一个故事：

据说在很久很久以前，人世间涝旱交替、病魔肆虐，导致民不聊生。上苍担心人因此而绝望，于是派遣一个名叫"机会"的女神下凡，给人们送去希望。不过，上苍同时也附带了一个要求——不能让世人看到她。于是机会女神来到凡间以后，采用了障眼法，她白日便是白色，黑夜便是黑色，只不过偶尔也会发出一些奇异的味道或是若隐若现的光亮，而那些细心之人便会由此发现她……

真的很佩服老人的智慧，竟能构思出如此贴切的故事。不是这样吗？这世间有多少人日日都在期盼着机会的来临，可他们就只是在"等"而已，却从不想着如何去发现机会、捕捉机会，结果可想而知，机会女神又怎肯轻易现身呢？

我们是不是常听到抑或自己也曾说过这样的话：再等等机会吧，再等等看。只是，等到了吗？机会从来不青睐懒汉，她更偏爱那些时刻准备迎接她的人。所以，请不要死等机会来找你，因为机会不会轻易露面，她需要你细心地去观察，认真地去寻找。

其实，没有人可以轻而易举地获得机会，亦没有人一生一世都没有机会。所谓没有机会，只是因为你的懒惰与疏忽，令飘来的机会又瞬息逝去。或许你有成功的渴望与梦想，但你也只是在渴望，在梦着、想着，却从不肯消耗力气为自己争取机会，于是，你有限的生命就这样被你无限地挥霍。

那些生活中的强者较之你我有什么不同？同样的四肢健全，大脑的容量亦相差无几，为什么两者之间的境遇会如此悬殊？或许，他们比我们多的就只是一些努力与魄力，一些寻找机会的努力，以及一些勇于争取的魄力。

我们一直在等，可究竟等的是什么？等待运气的降临？等待机会主动献身？等待着某个人自主自愿地扶助我们，送我们青云直上？可是，你是否听说过，有人死等就能等到机会？你又是否听说过，一个人一味等待着别人的资助，就能够成就一番事业？

这世上没有不劳而获的事情。你要想拿到红利，必须先投资，同样，你若想获得机会，便必须有所牺牲，牺牲你的安逸、你的享乐，努力地去寻找机会。否则，你便只会一而再、再而三地与机会擦肩而过。

曾有朋友给我讲过这样一个故事，自认为颇有寓意，拿出来与大家分享一下：

在国外有一家大企业，一次内部会议上，董事长在发言时要求在座的每一位员工站起身来，低头看看自己的椅子。结果，每个人都在自己的椅子下面发现了钞票，少则100元，多则1000元。在座员工对董事长此举甚为不解，但董事长只说了一句话："我要告诉你们的是——坐着不动是永远得不到钱的！"

故事很短，但寓意深远。人生大抵如此，无论是对于生活还是工作而言，等待只是一种浪费，因为等待永远不可能获得机会。

我们每个人都怀有美丽的梦想，面对着繁华的世界，我们多少个日夜热血沸腾、辗转反侧，勾画着自己的人生框架。但是，未来阴晴不定、变幻莫测，我们害怕一着不慎满盘皆输，因为懦弱而对未来陷入了迷茫。我们搬来大堆的典籍，对古往今来那些成功者和失败者一一分析，反复揣摩，希望能够领悟每一个传奇人物的成功精髓，吸取每一个落寞人物的失败教训，我们一直在准备着，因为"时机还不成熟"。

我们瞪大了双眼，紧盯着身边人的成功，希望能够从中攫取一些宝贵经验，我们苦苦思索，希望能够找到一个进可攻退可守的万全之策。我们一直在寻找、一直在准备、一直在等待……只是，沉舟侧畔千帆过，渐渐地，我们发现自己已不再年轻，机会此时显然又更青睐那些青年才俊，而我们，似乎还没准备好，便已成了明日黄花。而那些曾经被我们摒弃的项目，在青年才俊们的手里，却又做得风生水起，赚了个盆满钵满，于是，我们又开始辗转反侧……

但是，我们始终没有认识到，世界的变化是永恒的，构思可行与否，还需要尝试才能下定论。我们确实没有认识到，未来是不可预知的，没有一个成功者在有百分之百的把握后才会起步，因为只有迈开人生的第一步，才能在不断地搏击中洞悉所有细节和关键。

古语有云："天下事有难易乎？为之，则难者亦易矣；不为，则易者亦难矣。"其实，人生之难只在想象中，人生之易亦只在行动中。别总以为时机还不成熟，没有行动，时机就永远不会成熟。须知，机会永远不是等来的，它只在行动中！

没有前期的准备，就没有之后的成功 ◀◀◀

机会总是青睐少数人，因为只有少数人懂得如何迎接机会，这些人是智者，而庸者则只会在睡梦中让机会白白消逝。人常说："机会只眷顾有准备的人。"说是说，可又有几人认真思考过——这"准备"二字，不应该只是说说而已……

有人将机遇比作小偷，因为它来时无声无息，走后却令我们损失惨重。倘若想减少人生的损失，就必须要抓住机遇。于是，如何掌控机遇，成了每一个人必须要研习的人生课题。倘若学有所成，便有可能就此改变我们的一生。

只是，多数人只将精力放在如何发现机遇，然后抓住机遇上，却忽略了最基本也是最关键的一步——为机遇做好准备。试想，倘若你之前毫无准备，那么机遇来临之时，你怎敢保证自己能抓得住它呢？

其实，很多人自身条件原本不错，可是为什么会一而再再而三地与机遇失之交臂？究其根由，还不是因为我们预先没有做好准备。因为没有打造好捕获机遇的基本条件，因而也就丧失了展示自己的机会，而剩下的，恐怕只有懊悔。

毫无疑问，能否为机遇做好准备，这关系到我们的命运。有先见之明的人，往往更容易受到机遇女神的青睐。譬如保研，有准备的人就可以不参加全国统考而直接成为研究生；譬如出国，有准备的人就可以在众多骄子中脱颖而出，获得出国深造的机会；譬如就业，有准备的人在踏出校门以后，就能在成千上万的竞争者中拔得头筹，找到一份令自己满意的工作……而没有准备的人，则只能眼睁睁看着这些难得的机会被别人斩获，从此命运天地悬殊。

或许在很多人眼中，和珅就只是一个不折不扣的大贪官，除了贪、吞的手段，便别无所长。殊不知，和珅不仅长得一表人才，其才华也并不输人。

和珅最初不过是个没落的八旗子弟，在其父死后承袭三等轻车都尉。官不大，但因为其祖上是开国功臣，故可以随侍帝君，这便为和珅的政治前途开了一个好头。

乾隆四十年，和珅迎来了政治生涯的转机。这一年某日，乾隆皇帝一时兴起，要外出游历，宫人仓促之间未将黄龙伞盖准备好，乾隆动了雷霆之怒，喝问道："是谁之过？"君王发怒，岂是儿戏？一时间，文武百官胆战心惊、唯唯诺诺，而那时尚名不见经传的和珅却应声答道："典守者不得辞其责！"

乾隆皇帝循声望去，但看说话者仪表不凡、器宇轩昂，不禁心头一动，赞道："若辈中安得此解人！"问其出身，知是官学生，也是读书人。须知，侍卫多为武夫，像和珅这般是不多见的，而乾隆皇帝有个毛病大家也都知道，就是好以文采炫耀，又喜别人说他爱才，于是一路上便与和珅闲谈起来。乾隆以四书五经为问，和珅总是能够对答如流，不禁使龙颜大悦。回宫后，乾隆派其督管仪仗，升为侍卫。从此以后，和珅算是攀上了乾隆这棵大树，官场上一路畅行无阻，直至位极人臣。

看到这里，或许大家会以为，和珅的飞黄腾达不过取决于一次投机取巧式的博弈，若真这样想，你就错了。试想，倘若和珅胸无点墨，那么在乾隆考问经书时，他又该如何作答？据后人考证，和珅非但不是不学无术，而且甚至可以称之为才高八斗。以他在狱中所作的二诗为例——"一生原是梦，廿载枉劳神""对景伤前事，怀才误此身"，这几句丝毫不次于李斯临死前的奏上书。可见，说和珅无才无能多是对他的一种偏见。

另据马先哲先生考证，和珅竟精通四种语言："去岁（乾隆五十六年）用兵之际，所有指示机宜，每兼用清、汉文。此分颁给达赖喇嘛，及传谕廓尔喀敕书，并兼用蒙古、西番字。臣工中通晓西番字者，殊难其人，惟和珅承旨书谕，俱能办理秩如。"要知道，在当时的满汉大臣之中，能兼通满、汉两种语言者，已可称之为能人，而和珅却通满、汉、蒙、藏四种语言，谁又能说他无才？可见，乾隆皇帝之所以如此信任和珅，不仅仅是因为他擅长溜须拍马，更重要的是他确实有可用之才。

由此完全可以说，正是得益于之前的充足准备，才使得和珅一鸣惊人，试想，倘若他只有勇气而没有能力，又如何能在人才济济的乾隆盛世独得专宠呢？

是故，有时输了，你别不服气，因为这只能怪你自己！这世间之人，谁都有大脑，但并不是每一个人都拥有真正的智慧；每个人都有眼睛，但并不是每个人都拥有独到的目光；每个人都有一双手，但也绝不是每双手都能抓住机会！千言万语中最可悲的一句话莫过于："曾经有一个非常好的机会摆在我面前，我没有去珍惜，等到失去才追悔莫及。"遗憾的是，口出此语的人又比比皆是！

其实，很多人只是单纯地渴望机会，有心动却没有行动，更多的情况下，他们只是在等着天上掉馅饼，他们完全没有意识到，机会虽然无处不在，但毫无准备的人却永远也抓不住它。

生活中，我们常听到这样一句话："某某人只不过是运气好而已，如果给我相同的机会，我会比他更出色！"真的是这样吗？那么，为什么机会找他而不找你？还不是因为你未曾做好准备，被突如其来的机会打了个措手不及？说到底，这样的话也不过是落寞后的自我安慰罢了。

很多时候，我们都是在习惯性地怨天尤人，却从不舍得在自己身上找原因。对于那些看似一夜暴富的人，我们心中总有着一种莫名的情绪，是羡慕、是嫉妒。我们眼里只有他们成功后的风光，却对其背后的付出、为达目的所做的准备视而不见。我们总以为他们的成功只是偶然，却参不透所谓偶然之中的必然，因为，他们早就有所准备！

其实，机会对于每个人而言，都是平等的，它有可能降临在任何一个人身上，但能否将其牢牢抓在手中，则完全要看你的准备程度。所以，无论何时何地，我们都不能懈怠，做好准备去邂逅机遇，才能为自己的人生画下浓重的一笔。

我们的生活便是要时刻做好准备，走在人前，如果你还在苦盼着机遇的到来，那么，请马上去做好准备吧！倘若准备不足，即便机遇真的来临，也不过是在你落寞的心上再添致命一击！与机遇失之交臂，纵然你再懊恼、再痛苦，也不过是追悔莫及！

假如没有机会，就打一块磁铁吸引它 ◀◀◀

我们人生的方向在哪里，机会就在哪里，与其静静等待别人给予机会，不如主动出击。机会无处不在，就看我们能不能获得。

记得一位哲人曾经说过："愚者错失机会，智者善抓机会，而成功者创造机会。"真的是这样，机会对我们一视同仁，成败的关键就在于我们能否发现机会、抓住机会，乃至创造机会，最后又能否利用机会铺平通向成功的道路。

其实，很多成功人士都在不断强调：你不一定非要等待机会，因为你完全可以自己创造机会。当年，亚历山大在攻陷了敌人的一座城池之后，曾有人问他："假如再给您一次机会，您会不会选择再攻陷一座城池？"亚历山大闻言非常不屑："什么？我不需别人给机会，我就可以创造机会！"显然，亚历山大能够名垂千古、被世人尊称为"最伟大帝王"，与他这异于常人的魄力必然是不可分割的。再看古今中外那些名垂史册之人，又有几人不懂得利用机会、创造机会呢？

机会不是死等来的，它需要我们去创造，倘若它十年不来，二十年不来，那么我们非要等到青丝变白发吗？敢问，你是不是还在苦等机会？又等了多久？真的不要再等了，因为人生没有太多的时间和精力可以让你消耗在等待之中，既然别人能够为自己创造机会，那么我们为什么不能？

我们很有必要认清眼前的形势，在这个竞争惨烈的时代，机会一般不会主动来找你，你躺在那里等待，没有人会注意到你，机会又从何谈起？是故，我们有必要为自己打造一块磁石，假如没有机会，就主动将它吸引过来。这是一种决定成败的观念：是主动出击还是被动地接受选择，或许将决定你一生的命运。

不过，说到底，国人终究还是偏于内敛，不能不说这与数千年传承下来的文化思想存在着莫大关系，在这方面，美国人显然要比我们更积极一些。以下这段文字，是某海归成功人士在作演讲时的摘选，读过之后，应该会给我们很大的触动和启发。

"我刚到美国求学之时，常去听讲座，每次前来演讲的主角，都是华尔街或跨国公司的精英管理人员。第一次听讲座，我便发现了一个有趣的现象——那些美国同学总是将一张硬纸对折一下，然后用色彩鲜明的笔以粗体写下自己的名字，再将其立于课桌上。我对此很不解，便向旁边的同学寻求答案，他笑着告诉我，前来作演讲的都是顶尖人物，他们本身就是一种机会，如果你能给出令他们满意或是惊异的回答，也就意味着你将有可能获得很多出人头地的机会，这是一个显而易见的道理。事实的确如此，我就曾亲眼看到周围的几位同学，凭借着出色的见解最终获得了前往一流企业任职的机会……"

"是金子早晚会发光"——失意之人常以此话自励，现在看来，它倒更像是一种消极的自我安慰。纵然你是一块金子，但倘若被深深埋在土里，又有谁能看得见你？才能是得到机遇不可缺少的条件之一，但二者并不存在直接的因果关系，有才能而不懂得争取，那么与无才又有何异？人生中很关键的一步，就是你能不能适时地亮出自己，用自身的魅力去吸引机遇。

只是很多人，或是受传统观念影响，或是根本就不明就里，总之他们很少主动去争取机会，于是"我没有机会"反倒成了他们失败的托词，这俨然是在自欺欺人。因为，真正的强者从不死等机会，他们会以无畏的勇气、十分的努力去创造机会，他们从来只相信，能够把握命运走势的，只有自己。

强者与弱者在对机会的把握上显然有着天壤之别，羸弱之人即便给他一个蕴藏诸多机会的好开端，他也只会越做越平凡；强悍之人即便处身于平凡之处，也知道如何让自己成为一块磁铁，吸引机会的到来。

不是这样吗？问一句，如果提到饭店服务员，大家首先会想到什么？——她们很忙、服务态度不好。如果不是长得养眼一些，或许大家就只能留下这点印象。但谁又能说，在这极度平凡的岗位上就没有机遇呢？有这样一位服务员，相信你见过之后，也会对其念念不忘。

首先声明一点，念念不忘并不是因为她长得国色天香。

她工作在一家连锁餐厅，店面不是很大但很洁净。

一次，与同事一起来这里吃早点，大家各点了一杯"杂粮汁"，据说是店里的特色饮品，但尝过之后不禁大失所望，口味淡淡的，品不出什么味道。不过，大家此前都未喝过，以为"杂粮汁"就是这样，随口说了两句，便不再理会。

这时，不远处的服务员却突然走了过来，看样子是察觉到我们正在评价这款饮品，于是问道："请问，各位对我们这款饮品有什么意见吗？"

我们微微一愣，没想到这位服务员竟如此心细。

"有点失望，不甜也不香，没什么味道。"同事快人快语。服务员又将眼睛望向其他人，"是的，不甜也不香。"大家重复着同事的话。服务员听后，略表了一下歉意，便走开了，我们以为她至多将意见反映给店长，以求日后改进，于是继续吃饭。

谁知片刻之后，服务员竟端了一小杯蜂蜜过来，她在我们每人杯中加了一点，搅拌均匀，而后微笑着说道："请各位品尝一下，这样是不是会好一些？"

这真的令我们感到很惊讶，没想到这个服务员竟能够如此高效地解决自己发现的问题，她对客人的需求真的用了心。

这顿早餐吃得大家心情非常愉快，因为每个人都真正体会到了"被服务"的感觉，乃至走出店门大家竟不约而同地赞起了那位服务员，而不是食品。再次强调一下，这只是一个普通的连锁店，并非五星级酒店，而她也只是一个普通的服务员。她能做到这样，除了用心，别无他解。

于是此后，我们便成了这家小店的常客，直到那一次没有在店中发现她的身影。

"她辞职了吗？"我们向她的同事询问道。

"哎，准确地说，应该是另谋高就。被一个来我们这里吃饭的客人挖去做店长了，据说是一家很大的连锁餐厅，她运气真好。"

我们会心一笑，这似乎与运气无关，她能得到这个机会，是因为她真的用了心，而机会女神对于每个人都是公平的……

事实上，很多人都像她的同事那样，将别人的成功看成是运气，于是开始抱怨机会女神厚此薄彼，这俨然不是智者所为。那些真正的强者，绝不会将人生的失意、处境的困顿，归咎于机遇慢待自己，因为机遇就在那里，要与不要，完全取决于你自己。

所以，不要再将"酒香不怕巷子深"挂在嘴上，等待别人主动来关注你，等待机会自动降临在你身上，这几乎没有可能。一个人若想获得发挥才华的机会，就必须积极地将自己展示出来，用自己身上的磁场去吸引机会的注意。

毛遂自荐式的自我展现，绝不是肤浅的显摆，当你具备了足够的实力以后，就应该到更适合自己的位置上去发挥。唯有如此，你的价值才能最大化地被体现出来，你的人生才会更精彩。

居里夫人也曾说过："弱者等待时机，强者创造时机。"单纯地抓住机遇，还是被动的，智者会主动创造机遇。机遇无处不在，但此时还不属于你，它需要你用行动将其揪出来。

第六章

坚持变通，不要去撞南墙

　　正所谓"条条大路通罗马"，我们没有必要一条路走到黑。此路不通就绕行，撞了南墙就回头，不要将固执当执着，将莽撞当无畏。若是有他法可寻，又何必将自己撞得血流不止呢？

别误会！别把死心眼儿当执着

当你握紧双手，里面什么都没有，当你摊开双掌，世界尽在你手中。有时候，放弃是为了更好地获得，不得进时，松开手重新选择，反而会绝处逢生，迎来希望。衡量一个人是否睿智，不单要看他在困境中如何进取，更要看他在走错路时懂不懂得转变思路，适时停止。

执着是获取成功的必要因素，我们做人做事，就要有点锲而不舍的精神，遇事总是半途而废，那么穷其一生也不会有所成就。

但是，执着并不等于"死心眼"！古人在励人之志时说："只要功夫深，铁杵磨成针。"此话固然不错，若单就励志而言，其精神也很值得我们学习。不过大家有没有想过？偌大一根铁杵，要把它磨成绣花针需要多少时日？这期间老婆婆总得吃饭、睡觉吧？况且那是个"白发苍苍"的老婆婆！所谓"人生七十古来稀"——虽然李白年幼时，还没有杜甫这句诗，但理是不错的，且古人的寿命相对而言要短一些，活到70岁以上的便已稀少，那么，老婆婆有生之年能达成自己的心愿吗？

再者说，她有磨铁杵的时间，养点蚕、弹点棉花或者揽点其他力所能及的活计，难道就买不来一根绣花针吗？所以窃以为，此事若非后人杜撰，或许就只有两种可能：其一，老婆婆是李白家亲戚，故作此举，意在激励李白好好学习、天天向上；其二，这老婆婆是个死心眼、偏执狂。

故得此结论：精神可嘉，行为不可效仿。

诚然，我们常说做事要从一而终，坚忍不拔，但如果所做之事脱离现实或者说客观条件不允许，那么与其徒劳无功，不如趁早放手。其实很多时候，放手也是一种睿智。人这一生要面临很多次选择，你只有放下无谓的固执，客观、冷静地去审时度势，才能少走弯路。盲目地执着，很可能并不是最好的选择。

这里有一个关于执着的故事，看似可笑，但很多人确实就在这样做着。

话说很早以前有两个穷困潦倒的樵夫，常结伴上山砍柴。某一日，二人在山中发现两大包棉花，这简直就是老天的恩赐！棉花的价格可不是柴火能比的，这一大包棉花就能保证妻儿一个月衣食无忧。当下，二人也不再砍柴，各自背着一大包棉花，兴冲冲地向家中走去。

走不多时，眼尖的樵夫甲看到林中有一大捆布，走近细看，竟然是上等的绢布，有十余匹之多。樵夫甲对着山林就是一通跪拜——这或许是山神爷爷大发慈悲，在可怜天下穷人吧！于是他迅速叫来同伴，商量着一起放下棉花，改背绢布回家。可樵夫乙却摇起头来，他觉得自己已经背着棉花走了很长一段路，此时放下岂不是白费了很多力气？所以仍坚持只背棉花。樵夫甲在苦劝无果的情况下，只得自己尽力背起一些绢布，与樵夫乙继续赶路。

或许真的是山神大发慈悲，没走多久，樵夫甲又发现林中有金光闪烁，待到跟前，发现那竟是散落在地的数坛黄金。他连忙叫来樵夫乙，希望他能放下棉花，跟自己一同捧两坛黄金回家。谁知樵夫乙依然固执己见，坚决不肯放下棉花，并怀疑黄金可能有假，反劝起樵夫甲不要白费力气，以免竹篮打水一场空。

樵夫甲只好独自捧着两坛黄金和樵夫乙一起向家中走去。走到山脚下，空中突然乌云密布，顷刻间大雨滂沱，二人被淋成了落汤鸡。更不幸的是，樵夫乙那一大包棉花因为吸足了水，重得实在无法再背起。没办法，他只得舍弃一直舍不得放下的棉花，空着手与捧着两坛黄金的樵夫甲回到家中……

先不要笑樵夫乙愚蠢，在嘲笑别人时，请先看看自己身上有没有同样的错误。其实生活中有很多人，就是活脱脱的樵夫乙。这种人一根筋，认定一件事，不管它错与对，不管值不值得坚持，都要一条路走到黑。若用两个字来形容他们，就是偏执，若用一个字来概括，那就是傻！

其实人生有很多种选择，何必在一棵树上吊死呢？当你在某一件事上坚持很多年以后，倘若依然没有任何进展，你就该考虑一下自己的条件适不适合做这个，抑或是这件事还有没有坚持的价值。如果你不考虑这些，只是一味地盲目坚持，那真是一种悲哀！

我们知道，成功的契机往往是带有一定隐蔽性的，能不能作出正确的抉择，势必会影响你一生的成败。而那些盲目执着的人对于成功的契机，往往会视而不见，因为他们的眼里只有自己的"棉花"，根本容不下其他，或许，这也正是他们人生困顿不前的原因所在。所以，当我们陷入人生的困境之时，不妨停下来检视一下自己，看看我们是否坚持了不该坚持的，若是如此，换一个思路、换一条新路，或许就能走出广阔天地。

诺贝尔和平奖得主戈尔的选择，应该会对我们有所启迪。

戈尔曾经担任过美利坚合众国的副总统。1992年，他与克林顿竞选总统一职；2000年又与小布什展开角逐，结果嘛，谁都知道。

2000年竞选落败后，有记者问他："您还会不会参加2008年的总统竞选？"

戈尔轻描淡写地答道："我已经放弃了对政治的热爱。"

的确，他没有再坚持自己的政治道路，从这以后，戈尔彻底转变了人生航向，将精力放在了关乎人类生存的地球环境问题上。他奔走四方，号召全世界人民同心协力，解决日益严重的温室效应问题。

数年弹指一挥间，戈尔不辞劳苦地作了上千场演讲，他拍摄了关于地球环保的纪录片，又出版了相关书籍，从而使更多人认识到温室效应对于人类的威胁。

这位在政坛未能十分得意的前政治家，却在及时转变人生航向以后，得到了意想不到的收获——他的付出影响了很多人，人们自觉行动起来，从身边的小事做起，共同维护地球的健康。而戈尔也因为对于环保事业的巨大贡献而得到了诺贝尔委员会的高度肯定。

在斩获诺贝尔和平奖以后，又有好事的记者追问："你是否还会去竞选美国总统？"

戈尔淡然一笑："我现在做的事业要比做美国总统更伟大，我为什么一定要抱着那条路走到黑呢？"

很多时候，如果我们能够放下一些固守，反而会使我们实现人生的真正价值，纵然你先前的目标很伟大，但它却未必适合你。盲目地执着，往往会令你的人生道路越走越窄。站在人生的十字路口上，请充分让自己保持理性，睿智地去选择、冷静地去判断，拣一条真正适合的路去走。同时，我们还要随时随地对自己的选择进行评估，看看自己的航向是否存在偏差，切忌一条路走到黑，像那个不肯放下棉花的樵夫乙一样，固守着自己的执念，全然不考虑自己的执着是否与成功法则相排斥。这样的人，耗尽一生心血，也不会得到想要的结果。

人生不能只进不退，每个人多少都要懂些取舍，今日你所坚持的，如果根本不能给你带来什么，那就不能称之为执着，反倒是唤作"死心眼"更为贴切。懂得适时放下亦是一种智慧，人生的成败都是正常之事，遭遇滑铁卢以后仍继续坚持，其精神固然可嘉，但若不看形势、不论利弊，仍自顾自地埋头傻干，博来的或许就又是一个失望的结果。所以，不要在一棵树上吊死，放开眼界，懂得选择，学会放弃，找到真正适合你的那条路，你的人生才会越走越宽阔。

明知实力不够，别轻易学武松上虎山 ◀◀◀

"如果你不能是一只麝香鹿，那就当一尾小鲈鱼，但是要当湖里最活泼的小鲈鱼。"——做人应量力而行，尽力而为，只求做最好的自己。如此，虽不能保证一定会实现你的理想，但若不这样，你一定不能实现自己的理想。

著名学者林语堂曾经说过："明智的放弃胜过盲目的执着。"这是一种洞悉世事之后的豁达与睿智。是啊，明知自己力不能及，为什么还要死撑呢？做人应该清楚自己的极限在哪，凡事尽力而为，但亦应量力而行，有多大的饭量就吃多少饭，不要撑破肚皮，有多大的能耐，就出多大的力，不要累垮自己！

太爱逞强的人，往往会自讨苦吃。还记得儿时，看到姑姑家五岁的表弟坐在院子里吃生葱，我们这帮淘小子便起哄："田田（表弟的乳名）真厉害，这么辣的葱，我们都不敢吃。"这一说表弟来了精神——"妈，再给我拿一根。"于是我们继续"激励"，于是表弟继续吃着……后来姑姑埋怨我们："一点哥哥样都没有，你们走了，把他辣得直哭。"其实，小孩子都有这样的毛病，有人夸就觉得自己无所不能，做事欠考虑，往往容易陷入盲目，最后自食苦果。不过小孩子倒也情有可原，毕竟智力发育还不成熟。但年龄大了以后，我们遇事就应该仔细考虑了，不要干头脑一热不顾一切的傻事。这时的我们应该清楚，人总有力不能及的事情，若你的能力还没达到那个点，就不要把目标设在那里，能自知而不偏执，才是真正的明智。

国人常说"明知山有虎，偏向虎山行"，有时是用来明志，表达自己不成功便成仁的决心；有时是用来夸赞，表示对某一"勇士"无畏精神以及坚定信念的钦佩。但是，这虎山之行也不是人人皆可的，武松和李逵可以，因为他们有打虎的本事，武大郎就不可以，因为他连西门庆都打不过。你我可不可以，这要取决于我们的能力，倘若明知实力不够，还非要去效仿武松，无异于自送虎口。

说到这里，突然想起朋友讲过的一个笑话，拿出来与大家分享一下：

从前有一个猎人非常喜欢打猛兽，而且技术也不错。

某日，他带着心爱的猎枪上山，竟发现远处的山崖上有一只斑斓猛虎。

猎人狩猎半生，从未猎到过老虎，于是很兴奋地瞄准……谁知，这只老虎太厉害了，不但躲过了子弹，还将猎人一下子扑倒！

这时老虎对猎人说："我现在给你两条路走，一条是举枪自杀，一条是让我吃掉。"

猎人不想死，于是恳求老虎再给他另一种选择。

老虎又对猎人说："那么再给你两条路，一条是让我吃掉，一条是舔干净我的屁股。"

猎人选择了后者。事后，老虎很满足地放走了猎人。

但是，猎人并不甘心，于是第二天他又带着一把来复枪上山，准备找老虎报仇。

终于，他又找到了那只老虎，可是又成了老虎的手下败将，于是又帮老虎舔了一次屁股。

回家以后，猎人越想越觉得羞辱，便又带上一把霰弹枪上山找老虎算账，可是他再一次失手被擒……这时，老虎疑惑地问猎人："你到底是来打猎的还是来舔屁股的？！"

这个笑话的寓意很明显，意在告诉人们：凡事要量力而行，当你想做某一件事时，先衡量一下自己有没有那个实力，倘若力量不够还要一意孤行，到头来就只会自取其辱。

诚然，人有追求是一件好事，为追求而执着也无可厚非，但前提是，我们的追求是符合现实，还是自以为是。倘若你天生五音不全，却偏要朝着歌唱家的道路去奋斗，倘若你连遣词造句都费力，却偏要著书立说，那与笑话中的猎人又有什么区别？这就好比一个弹丸小国，却总是妄想着奴役一个历史悠久的泱泱大国一般，只会自取其辱，空留笑谈。

所以说做人还是要知进知退，腿有多大的劲，就登多高的山，不要让自己负重前行。凡事量力而行，能做到就尽力去做，若真没那个本事，也没必要太勉强自己，真没那个必要！

你尽力了，但仍与目标有很大差距，并且已经确定是无法拉近的距离，那就放弃，承认自己不行并没有什么丢脸的，明理的人也不会因此笑话你。毕竟，这个世界上没有人是无所不能的。

据说有一位登山队员，在攀登珠峰时由于体力已接近透支，便在8000米的高度停了下来。后来他向朋友说起此事，大多朋友都为他感到惋惜——"怎么不坚持一下""咬一咬牙关就过去了"……他却笑着说："不，我自己很清楚，8000米已经是我能够登上的最高高度，我一点也不感到遗憾。"

你能说他懦弱吗？真的不是，应该说是明智才对。因为，自己的状况只有自己最清楚，既然知道自己已经达到极限，又何必强撑呢？为了那些虚无的东西搭上自己的性命，那才令人惋惜！

老人常说"没有金刚钻，就别揽瓷器活"，就是告诉我们要有自知之明，凡事量力而行。若不自知、不量力，为难自己不说，有时甚至还会连累他人。譬如那纸上谈兵的马谡，自以为有淮阴侯的本事，逞强带兵又不听人谏、不遵丞相令，把自己搭进去不算，还伤害了诸葛武侯，误了蜀国大业。

所以说，我们做事抑或是设定目标时，预先一定要评估好，看看事情是否在自己的能力控制范围之内，预算一下成事的把握有多少，是"八九不离十"还是"十万八千里"。若是后者，那趁早改弦易辙，这样对自己好，

对别人也好，更不会给人留下"蚍蜉撼树""螳臂当车"的笑柄。

人生总有力不能及的时候，不可能你想什么就能实现什么。人毕竟要依托环境来生存，因而不可避免地要受到种种制约，对此你要形成一个客观的认知，你要知道，给你一块木头，你永远不可能做出青铜器来。那么，对于我们而言，最好的选择就是将其雕琢成栩栩如生的木雕艺术品。

人生就是这样，能不能走好这段路，关键在于你能否量力而行、尽力而为。掂得清自己的斤两，你便是明智；不知道自己的斤两而盲目执着，你就是傻子。

虽有前人经验，但是要做也要先琢磨怎么改良 ◀◀◀

沧海桑田，斗转星移，往日之经验未必适合今日之事，前人之言亦未可尽信。人生若想有所突破，就必须在借鉴旧经验的基础上对其进行改良，如此才能踢开阻碍成功的绊脚石。

咱们中国人有句俗语："不听老人言，吃亏在眼前。"此话颇有几分道理。老人毕竟阅尽沧桑，老人所总结出来的经验教训确实很值得我们借鉴。但是，既然是借鉴，就一定要加入自己独立的思考，而绝不是一味地照搬。前人的经验于我们而言固然重要，它会使我们少走很多弯路，但固守经验则会令我们的思维受到禁锢，由此造成的后果可能会是——避开了一条弯路，却踏上了另一条弯路。

大千世界，日新月异，一切事物无不在发展变化之中，以昨日之眼光衡量今日之世界，必然难以理解；以昨日之经验套用今日之时事，则必然会受到束缚。是故一位哲人说："做人做事不要轻易被一个成规束缚住。墨守成规是前进路上的绊脚石，在'不创新就死亡'的今天，突破成规的约束尤为重要！"的确，时代在发展，环境在更新，一个企业倘若不思考改善，故步自封，势必会亲手将自己扼杀。同样，一个人倘若过分迷信前人的经验，不思改变，不予创新，亦步亦趋，墨守成规，那么他的人生绝不会有所超越，弄不好还会令自己倒在旧经验之下。

再给大家讲一个笑话：

话说古时候有个卖草帽的货郎，每日都要背着草帽走街串巷，往返于各个村落之间。这一日，他在回家途中经过一片山林，他感到很累，于是便钻入林中想躺下休息片刻，谁知身子刚一挨地，便不知不觉沉睡过去。

等他醒来的时候，竟发现卖剩下的草帽全部没了踪影，他正急得抓耳挠腮，突然听到一阵阵猴子的叫声。货郎循声望去，终于找到了答案——只见四周的树上蹲着很多猴子，而且每只猴子头上都戴着一顶草帽。

他大为恼火，一时却又无可奈何。突然，货郎灵光一闪，想起猴子最爱模仿人这一特性，于是赶紧将头上唯一剩下的一顶草帽摘下，顺手丢在一旁。果不其然，那些顽皮的猴子见状纷纷效仿起来，草帽就这样一顶顶落回到地上。货郎非常得意，冲着猴子们扮了个鬼脸，背着拾回的草帽、哼着小调向家中走去。

回家以后，货郎开始向家人显摆起自己"智取群猴"的光鲜事迹，家人纷纷向他竖起了大拇指，把他好一顿夸，并将此事"父传子、子传孙"地流传了下来。

一晃几十年过去了，他的孙子继承祖业，也成了一个小货郎。

这一天，小货郎与自己的爷爷一样，也躺在林子中睡着了，也是"树林里放屁——凑巧（臭雀）"，他的草帽同样被一群猴子窃了去。小货郎忆及爷爷的传奇往事，迅速摘下头顶的草帽顺手丢在一旁。但事情并没有朝着他预料的方向发展，他甚至开始怀疑爷爷当年是在吹牛，因为那群猴子压根儿就没有往下丢草帽的意思，反而都对他怒目相向，像见了仇人一般。

正在他疑惑之际，猴王现身了，它在小货郎目瞪口呆地注视下，悠哉地捡起地上的草帽，嘲笑般地说道："年轻人，你OUT了，你以为只有你有爷爷啊！"

其实我们之中的很多人不正和小货郎一样吗？我们因循守旧，不知变通，照搬前人的经验，却不懂得根据客观实际采取灵活对策，因而也不乏招人耻笑的经历。这显然不能怪别人无礼。

由此可见，在不断变化的外部环境及自身状况面前，一味套用前人的经验无疑是一种愚蠢的做法。正所谓"车轱辘往后转，人要向前看！"我们切不要盲目地认为前人口中的"正确"就一定正确，而不假思索地按部就班；当然也不要以为前人口中的"危险"就一定危险，而避之唯恐不及。其实，很多事情只有在尝试以后才能得知真相。人生路上，我们若想尽快攀上高峰，就必须激活自己的思维，切不可一味固守，否则只会使自己惨遭淘汰。

其实这并没有多难，推陈出新并非是天才的专利，只要我们在日常生活中能够做个"有心人"，时刻留意，勤于动脑，敢于改变，就能够对前人的经验进行改良，从而找到解决事情的更佳途径。

很多人之所以几十年如一日地过着平庸至极的生活，就是因为从不去认真分析别人成功的原因，时至今日仍稀里糊涂地固守着"老人言"，畏首畏尾，不敢轻动，因而人生总是停滞不前。

其实客观地说，我们每个人无时无刻不在发生着变化，所不同的是，善于创新的人往往只是灵机一动，便有一个好思路，便能开辟一条新道路，而或许只是这一次改变，便让他们领略到了不同的人生风景，从此人生蜕变，进退无碍。而不善创新的人，始终不明白变化对于人生的重要性，又或者说他们天生胆小，不敢尝试对前人的经验做出改变，于是一味固守，相较前者，其境遇也就越来越差。

倘若我们还希望在剩余的日子中，为人生画上浓重灿烂的一笔，那么从现在起，从这一刻起，请走出惯性思维的阴影，从此拒绝套用前人的经验经营自己的人生，若能如此，成功的机遇自然会在不远处迎接我们。

其实，无论你是否相信，也不管你愿不愿意接受，这世界上真的没有一成不变的事物。万物生长变化，这是大自然的规律，非人力所能抗拒，而我们最好的应对，就是自身做出积极改变，以适应这个规律。

社会一直在发展，环境一直在改变，前人留给我们的经验真的未必百试百灵。当以往的经验不足以使人生有所突破时，那么不妨放下那份固守，或许你就能得到一次新生；或许只要我们敢于挥拳打破以往的经验，就能重见光明。

换个思路，说不定就能多条出路 ◀◀◀

"尽信书不如无书"，死守规则不如没有规则。人生倘若一味不知变通，或许就只会徒劳无功。对于目标，我们所秉持的态度应该是：既要不断追求，又要有所放弃。君不见，那些懂得兜圈子、绕道而行的人，往往都是第一个登上顶峰的人。

我们看一下这个"囚"字，人被圈禁在方框内，于是自由全失。其实对于思想而言亦是如此，我们的思想一旦被禁锢，便等同于剪除了想象的翅膀，从此思维不能自由翱翔，人生不再激情荡漾，事业被限定在某一框架内无法突破，更莫谈打造辉煌。此时此刻，唯一能解救我们的方法便是拆除思维里的"墙"。

很多时候，我们费尽心力，依然无法使事情朝着预期的方向发展，并不是因为目标难度太大，而是我们忘记了变通。古人云："穷则变，变则通。"虽说人生贵在坚持，但这绝不等于固执，顺着一条路走进了死胡同，难道你还非要等到天崩地裂为你把这条路辟开吗？这显然不可能！

"条条大路通罗马"，此路不通就换行！我们竭力打拼的目的是有朝一日"会当凌绝顶"，但你所选择的这条登山路雄奇险峻、陡峭无比，非人力所能及，是故还没有登到一半便已摔得头破血流、骨断筋折，且一直也看不到胜利的曙光，那么还有必要再坚持吗？识时务的人肯定不会。其实很多时候，果断地放弃更是一种睿智，或许换一个思路，你就能找到一条出路。

据说生物学家将六只蜜蜂和六只苍蝇各放入一个透明的玻璃瓶中，然后将瓶口朝向背光处，而瓶底则朝向向阳处。实验开始以后，蜜蜂和苍蝇均一股脑儿地朝向阳处飞去，但每次都撞到瓶底，结果无法逃离。在经历过数次失败以后，苍蝇们开始胡飞乱撞，尝试从各个方向寻找出路，而蜜蜂则依然非常固执地一次又一次撞向瓶底。结果，两分钟以后，所有的苍蝇都从背光的瓶口逃离，而那些蜜蜂们却还在冲击着"玻璃墙"，最终无一幸免地困死瓶中。

生活中有一部分人同苍蝇一样，在同一个方向上屡屡碰壁以后，便会吸取教训，果断地选择放弃，另辟一条新路，结果最终成就了自己的人生。而还有相当一部分人，就是不折不扣的"傻蜜蜂"，他们在同一方向上不断地受到阻挡，却依旧固执地相信自己的判断，结果耗尽心血也不出成绩，就这样困顿一生。其实，这种人是很可悲的，他们的遭遇也着实令人惋惜。试想，倘若"傻蜜蜂们"能将这份执着用对地方，那人生又该是怎样的一番景象？

成功需要坚持，而坚持绝不是固执。路的旁边也是路，或许它们看上去曲折狭窄，但当你所选择的那条路被泥石堵死时，这些小路或许才是你走出困境的希望。所以，不要硬逼着自己死走一条路，有时放弃原本的坚持并选择一条新路，也许就会柳暗花明又一村。

这里有一个年轻人的故事，读过之后或许会令我们有所警醒。

张君傲自幼便对金融行业有着非常浓厚的兴趣，一心要考取中国人民银行总行的研究生。可是，三大部《中国金融史》差不多被他翻烂了，他却还是一而再再而三地名落孙山。在此期间，一些爱好古玩的朋友常拿一些古钱币向他请教，开始时，为了显示自己的专业知识，张君傲还能不厌其烦地细心讲解。可是到后来，前来询问的人实在太多了，再加上屡屡落第心情不佳，他便开始感到厌烦。有一日，又一位朋友前来请教，张君傲耐着性子讲完，正准备送朋友出门，谁知对方突然说了句："我觉得你可以尝试编写一本有关古币的书籍。"真可谓一语惊醒梦中人，对方走后，张君傲经过一番思考，遂决定编一册《中国历代钱币解析》，如此，一方面可以巩固所学知识，另一方面又可以为朋友提供方便，一箭双雕，何乐而不为？翌年，张君傲依然没能考上中行的研究生，但他所编撰的那册《中国历代钱币解析》却被一位出版商看中，首次出版就印刷了一万册，且当年便销售一空。如今的张君傲已经迈入了中产阶级的行列。

其实很多时候，我们最初的选择未必就是最好的，甚至，由于判断上的失误和认知上的偏差，我们为自己选择的可能就是一条死路。若是这样，即便熬干心血也不过是徒劳无功，那坚持又有什么意义？试想，那些搏击一世而未能成功的人，会不会正是因为太过执着于既定目标，因而忽略了人生中的精华部分，才导致其泯然于众人的呢？

这个世界充满了变数，纵然当初你选择的是一条活路，可谁又能保证它不会被突如其来的障碍所堵塞？于是活路又变成了死路，难道你还要以不成功便成仁的姿态将其辟开吗？退一步说，纵然辟开了，你还能留存几许精力？还有力气冲向目标吗？未必！

这个世界上，任何的方案都是人定的，方案是死的，但人是活的，我们无法预知事态的发展动向，但我们完全有能力随着时事的发展而对计划进行修改，从而选择一条更适合自己的路来走。

生活不是一道判断题，并不是只有"是"与"否"两个答案，它是一道多选题，有很多正确答案可供我们选择。

生活亦不是一道几何题，并不是两点之间直线一定最短，因为在对于人生目标的思考上，我们要考虑的不仅仅是距离问题，还有环境因素、人为因素、自身条件等等。距离短的路线，未必不是荆棘密布，亦可能有巨石屹立于前，纵然你身负劈山之力，但一路劈斩下去，恐怕也会精力耗尽，轰然倒地，亦如那一心逐日的夸父。

相反，倘若我们能够变通一下，绕过障碍，换一条路来走，或许就能轻松地直达成功彼岸。

正所谓"失之东隅，收之桑榆"，通往成功的道路又岂止一条？而你又何苦执着于此，故步自封？此路不通，就再换一条，总有一条会适合你。只是，无论何时，我们都不要放弃追求成功的信念。

第七章

坚持不放弃，你要学会勇往直前

有个日本诗人曾这样说道："生活就是——跌倒七次，爬起八回。"是的，人生之路不平坦，谁都难免有跌倒之时，跌跟头并不可怕，只要你引以为戒、吃一堑长一智，就能让自己走得越来越快、越来越稳。怕就怕你趴在那里，一辈子不起来！

世界不会抛弃任何人，只有你会抛弃你自己 ◀◀◀

一生中，我们会错过很多，同样的，也会遇见很多，只因为有舍才有得。所以，不要沉溺于泛黄的伤心过往，世界从不曾抛弃你，你信赖这个世界，它就不会辜负你。

你可曾有过这样的时刻？一个人独处又或是受到伤害的时候，总会觉得自己非常孤独，总觉得整个世界都抛弃了你，那种落寞的情绪无以复加，你甚至开始放弃自己，甚至想以死来了结所有痛苦。那么，你真该好好反省一下自己了。

为什么要这样呢？殊不知自杀也是一种罪过，你自以为潇洒地离去，却把伤害留给了别人，譬如你的父母。

为什么要选择放弃？究竟是什么样的伤害能给予我们如此大的打击？

是人生的失利？可你是否知道，没有人可以直取成功而不沐风雨，人总要在一次次跌倒中学会走路，成功需要经过一次次失败的洗礼。

是某个朋友的背弃？可你是否知道，两面三刀之人根本不值得我们去珍惜，你应该庆幸他的离去，因为不知何时，他便有可能会伤害你。只要你足够优秀，又何愁前路无知己？

是爱人的远离？可你是否知道，她为什么要离你而去？是因为你犯下了不可宽恕的错误，还是她朝秦暮楚、另攀高枝？若是前者，你竟还有怨气？若是后者，你又何必因此萎靡？一个不懂得欣赏你的人，去了也就去了，结束了一段感情，还会有更好的人等着你。

所以，请不要再用空洞的眼神仇视着世界，世界没有抛弃你，只是你在不经意间抛弃了你自己。

不是吗？纵然你再不争气，慈祥的父母依然爱着你，兄弟姐妹依然护着你，些许朋友依然陪着你，难道他们的真情真意，还不足以让你摆脱低迷？

可你总是在不停抱怨，抱怨人生路上太多崎岖，抱怨上苍不眷顾你，抱怨世界无情地抛弃了你，令你从此找不到生存的意义。其实你错了，错得非常彻底！

父母给予了你生命，这是人世间最珍贵的礼物，你必须要珍惜！朋友借坚实的臂膀让你依靠，你还说什么孤寂？社会给予了你生活的条件，经营得好不好则全在你自己！那么，你还有什么理由不去珍惜？为何不做好当下，以图东山再起？请相信，无论你遭遇多么残酷的打击，世界都不会放弃你，只要你不轻言放弃。

圣诞之夜，绚烂的礼花渲染了美丽的星空。在礼花闪耀的瞬间，一位老妇人看到有个年轻人在轻轻哭泣。

老妇人走上前，关心地问道："如此美好的夜晚，你为什么要哭泣呢？"

年轻人抬起头，伤心地说："这个世界要剥夺我眼睛欣赏的能力，我的世界即将永远失去色彩，一生在黑白之中度过！"

老妇人闻言，拉起年轻人的胳膊，说道："那么，你随我去一个地方好吗？"

　　两个人不知走了多久，走到一个华丽的歌剧院门口才停下来。老妇人轻轻闭上眼睛，就那样静静伫立着，过了好一会儿，她才说："你听到没有？多么美妙的音乐，你能不能听出它的颜色？如果上天剥夺了我们用眼睛欣赏的能力，我们就用耳朵去欣赏，因为它也是你的世界中的一部分。"年轻人闻言，露出了欣喜的笑容。

　　一个月以后，老妇人又在广场上看到了那个年轻人，这次他又躲在角落中暗自流泪。老妇人很是纳闷，走上前问道："你为什么又要哭呢？"可是年轻人丝毫没有反应。老妇人拍了拍他的肩，年轻人随即抬起头来，见到是老妇人反而哭得更伤心。他哽咽着说："现在，我连唯一可以感觉色彩的听觉也即将丧失，我余下的人生该怎样度过？我真的很害怕啊！"像上次一样，老妇人又将年轻人带到了一个空旷的体育场，她说："你可以尽情地去奔跑，把所有的痛苦都发泄出来，如果累了就停下来。"年轻人依言而行，他在体育场上疯跑、呼喊，直到筋疲力尽。老妇人走了过来，说："你看，这片土地可以任你尽情奔跑，你还可以用脚去感受这个世界，而很多人连脚都没有，你不觉得幸运吗？"年轻人想了想，感到老妇人说得很有道理，于是又高兴地笑了起来。

　　没过多久，老妇人再一次遇到年轻人，这次他已经哭成了泪人，哭声中透露着无比的绝望与悲哀。他坐在轮椅上，向老妇人哭诉自己的不幸："老天先是夺去了我欣赏色彩的能力，而后又剥夺了我倾听世界的权利，现在他连我用脚感知世界的幸福都一并夺去，这个世界已经彻彻底底放弃了我，我活着还有什么意义？"老妇人让年轻人张开双臂，轻风拂过年轻人的脸庞、发丝、身体，亦如慈母那充满爱怜的双手。年轻人突然明白了老妇人的用意，他再次笑了起来。老妇人拉过他的手，在手心中写道：世界不会抛弃任何人，只有你会抛弃你自己。年轻人感到非常幸福和满足，因为他一直拥有整个世界！

几个月以后，老妇人再次见到了年轻人，不过，这次是在宣扬"残疾人成功创业事迹"的电视访谈节目上。

其实，你并不是这个世界上最倒霉的人，当你抱怨自己没有新鞋穿的时候，有没有想过，很多人甚至连穿鞋的机会也没有。你四肢健全，心中却愁云密布，很多人身有残疾，心中却阳光明媚，这对你而言难道不是一种莫大的讽刺？

命运的无常并不可怕，可怕的是向命运屈服，世界不会抛弃谁，那些受不了挫折打击的人，是他们抛弃了世界，于是从此他们便真的一无所有了。

其实，这个世界上没有抛弃人的梦想，只有抛弃梦想的人。上帝为你关闭一扇门的同时，必然会为你打开一扇窗，快乐与痛苦无疑都是人生的财富，与其消极逃避，不如勇敢面对。

其实，这个世界真的挺好，阳光就在我们头顶，沃土就在我们脚下，只要你不放弃，这个世界永远属于你。

做有记性的人，别在同一个地方摔两次 ◀◀◀

人非圣贤，孰能无过，错了，或许会令我们有些失落，但在人世间行走，某些跟头确实应该跌。有些事情，错过、痛过、失败过，我们才能有所了解。于是警醒自己，从此不要再犯同一个错。

成功需要用失败来洗礼，辉煌需要用挫折来铸就，任谁的成功之路都不可能完全笔直，我们需要为成功交些学费，这学费就是失败。

那些今日风光无限的成功人士，昔日亦曾有过灰头土脸的时刻，只不过，他们在失败以后并没有躲在角落里哭泣，反而是站起来，不断地自我审视、反省，从失败中吸取教训，知耻而后勇，于是成功的果实就被他们逐渐地攥在手中。

然而，那些人生中的失意者并不是这样，他们跌倒以后，并不晓得从失败中吸取教训，而是趴在那里一蹶不振，始终让失败的阴影笼罩着自己。他们也有可能会反思，但也仅限于一个较浅的层次——"如果当初……就不会这样！""要是我没有……该有多好！""如果""要是"此类词语他们会反复念叨着，但亦只是后悔、只是抱怨，却什么也不做，于是成功的果实，他们只能远远地看着，或许可以在梦里获得。

失败对于前者而言是一种经验，对于后者而言则是致命的打击，他们根本没有从中学到些什么，就这样两手空空，自甘堕落，心甘情愿地让梦想被彻底击破。

其实，失败并不可怕，因为失败就是成功之母，在这条人生路上，我们每个人都有可能成功，也同样不可避免地都要接受失败，但怕就怕失败以后就再也不肯爬起，怕就怕将失败当成一种习惯，不能从中吸取应有的教训。因为，不能吸取教训，也就意味着下次还有可能会犯同样的错误，也就意味着还有可能因为同样的原因而失败，这未免就显得太过愚蠢了！

曾看过这样一个寓言故事，说的就是这类不知吸取教训的蠢人：

据说，有个猎人捕获了一只九头鸟，九头鸟是智慧的象征，只听它对猎人说："你放了我，我给你三个忠告，保证你受用一生。"

猎人想了想，害怕上当，便说："你先告诉我，我保证一定放了你。"

九头鸟说："好吧。第一条忠告是，自己做过的事情，不要去后悔；第二条忠告是，如果有人对你说什么，而你认为是不正确的，就不要去相信；第三条忠告是，能有多大劲，就使多大力，当某个高度你爬不上去时，就不要再费力去爬。"

猎人听后，遵守承诺放了九头鸟。

谁知，九头鸟在重获自由以后，马上飞到了一棵参天大树之上，随即嘲笑猎人道："你可真是个蠢货，你知不知道，我口中含着一颗价值连城的硕大宝石，正是这颗宝石让我充满智慧。"

猎人后悔不已，他很想再次抓住九头鸟，取出宝石，可是它的落点太高，弓弩的射程达不到。于是，猎人匆匆跑到树前，抱着树干开始向上攀爬。但爬到一半时，由于力不能续，猎人掉了下来，并摔断了双腿。

九头鸟看到这种情形，笑得更大声了，它继续嘲笑道："蠢货，我对你的忠告这么快就忘了？我告诉过你，自己做的事情不要后悔，可是你这么快就后悔了；我告诉过你，别人说的话你认为不正确就不要相信，可你竟然相信我这么袖珍的口中会藏有一颗硕大的宝石；我告诉过你，当某一高度你爬不上时，就不要勉强去爬，可你却自不量力，还摔断了双腿，你说你有多么愚蠢？看在你如此可怜的份上，我再送你一句箴言——对于聪明人而言，一次教训比傻瓜受一百次鞭策还深刻。"说完，九头鸟扇动翅膀，向着天际飞去，只留下猎人目瞪口呆地坐在那里。

这则故事称得上寓意深刻，其实在人生中，常会有人对我们提出忠告，这忠告多是从以往的经验教训中总结出来的，目的就是为了使我们避免重蹈覆辙。所以，对此我们要给予足够的重视，不要在得到提醒的情况下还做蠢事。

诚然，每个人的失败经历都不尽相同，很多错误是具有普遍性的，而且破坏力也较强，会发生在他身上，也同样会发生在你身上。所以在看到别人犯错的同时，请多想想自己。

头脑清醒的人都知道，若不能吸取教训，便无法改正错误，出人头地更无从谈起。是故，当别人对你提出善意的批评时，不要因此而感到愤怒，你应该懂得去接受。正如诗人惠特曼所说的那样——"你以为只能向喜欢你、仰慕你、赞同你的人学习吗？从反对你的人、批评你的人那儿，不是可以得到更多的教训吗？"

任何人都不可避免地要犯错误，正所谓"人非圣贤，孰能无过"。不同的是，智者能够从别人的错误、自己的失败中，吸取相应的经验与教训，为防止下一次跌倒做好准备；而愚者则并非如此，他们对于别人的忠告甚为反感，对于自己的错误视而不见，于是仍然重复着相同的错误。古人说"吃一堑，长一智"，可他们却是"吃一百个豆不嫌腥"，难不成真的是因为智商太低？

一只狐狸，无法用同一个陷阱捉它两次，驴子也绝不会在同样的地方再次摔倒，人没有喝醉，怎么可能两次走进同一条死胡同？或许，世上只有傻瓜才会第二次跌进同一个池塘。

在西方有句谚语："不要为打翻的牛奶哭泣！"说得很有道理。你想，牛奶既然已经被打翻，就算哭得昏天黑地又有何用？牛奶再也不会回到杯中。但是，倘若因为今天打翻了一杯牛奶，我们就能够从中吸取教训，从此以后谨慎小心，保证自己不犯类似的错误，那么即使打翻的是一杯特供牛奶，也值！

人生路上多崎岖，我们不能保证自己永不跌倒，但我们应该保证自己不在同一个地方跌倒两次。

忍字心上一把刀，先学会把刀横在自己心上 ◀◀◀

"事业常成于坚忍，毁于急躁。"没有坚忍的个性，就不要妄谈成功。一个人能否品尝到胜利的果实，就在于目标确立以后，他能否百折不挠地去坚持、去忍耐，直至成功为止。

陈毅元帅在一首诗中写道："因知天地宽，何处无风云；因知山水远，到处有不平。"陈毅元帅一生征战沙场，鲜有匹敌之人，但在他这样的开国元勋看来，挫折仍是不可避免的，更何况我们？

其实，人生之中，遭遇些许失意、受到一点委屈，实属平常之事，即便是君临天下的古代帝王，也不可能要风得风、要雨得雨。既然挫折无可避免，那么我们当下要考虑的应是如何应对，以求化不利为有利。

正所谓"自古雄才多磨难"，但看那些立下万世之功的大人物，有哪一个不曾接受挫折的洗礼？而他们又是如何应对的呢？

坚忍！这是成大事者共有的品性，因为他们深知"唯有埋头，乃能出头"，虽说这忍字心头一把刀，但只要你能有足够的毅力忍下去，有朝一日便能挥舞利刃披荆斩棘。

坚忍的力量源自内心深处，是迫于形势的自我锤炼，坚忍或许会令我们备受煎熬，但同时又能燃起我们内心的熊熊火焰，于是生命不止火焰不熄，不断在燃烧中积蓄力量，只要机遇来临便乘势而起，一发不可收拾。

不知大家可曾听说过，在四川省境内有一种颇为奇特的植物，它的名字叫毛竹。毛竹的生长过程甚至被植物学家称之为"自然界的一大奇观"。

这是为何？因为毛竹落地生根以后，前五年根本不见丝毫生长，待到第六年雨季来临，它却突然像发了疯一样，以每天六英尺的速度蹿起来，仅半个月左右，便可达到90英尺左右的高度，瞬息间便可睥睨竹林！不过，它的奇特之处不止于此，更怪异的是，在毛竹生长的这段时间，它周围方圆十米的植物，竟会自动停止生长，这种状况一直要持续到毛竹的生长期结束以后。

植物学家经过深入研究，终于揭开了事情的谜底。原来，最初的五年，毛竹并不是没有生长，而是默默地向地下生根。经过五年的"苦心经营"，这些看似不起眼的幼竹，其根竟已扎入地下五米之深，其方圆十米的范围亦成了它们各自的领地。毛竹在为自己打基础的同时，进一步剥夺了其他植物根茎发展的空间。待到第六年雨季来临之时，毛竹便以近乎资源垄断的方式急速生长，而它周围的植物也只能"寄人篱下"，不得不忍受。

你佩服不佩服？毛竹的智慧简直可以令很多人为之汗颜！而我们是不是应该从中学到些什么？正所谓"物竞天择，适者生存"，我们生存的时代没有腥风血雨的厮杀，但却有暗流涌动的竞争，谁不想在竞争中被淘汰，就必须要不断地磨砺自己，使自己变得更加强大。

想想那大闹天宫的孙悟空，若不是在太上老君的八卦炉中一番苦炼，又怎会炼得火眼金睛？忍耐对于有志向的人而言，绝不是消极地逆来顺受，而是一种力量的积蓄，是对胜利矢志不移的渴望。楚庄王能够三年不鸣、隐忍不发，志就在一鸣惊人；越王勾践十载卧薪尝胆、含屈受辱，为的就是有朝一日挥兵灭吴，一雪前耻！

史料记载，周敬王二十四年，吴王阖闾率大军征讨越国，越王勾践领兵迎战，大败吴军。阖闾受伤，在返吴途中，伤重恶化，一命呜呼。从此，吴越两国结下不解之仇。

为报父仇，新任吴王夫差励精图治，经过三余载准备，遣伍子胥、伯为大将，统军30万，直逼越国而来。

越王勾践轻敌冒进，兵败会稽山，性命危在旦夕。幸得文种、范蠡施计，以重金、美人贿赂吴太宰伯嚭，使其屡向夫差进言，才得以保全性命。

随后，为图日后复国，勾践夫妇顺夫差之意，携范蠡入吴国为人质。

入吴以后，勾践将所带金银珠宝全部孝敬给夫差及吴国众大臣，自己则迁入石屋居住，以糠皮野菜为食，以粗布麻衣蔽体，每日辛勤劳作，打柴、洗衣、养猪，与奴隶毫无二致，却从不口吐怨言。

每隔一段时日，多疑的夫差都会亲自前来巡视，却又每每看到勾践一副卑躬屈膝的奴才相，不禁虚荣心爆满，猜疑心大减，认为此时的勾践已被折磨得斗志全失，不足以谨慎提防。

然而，勾践在受困于吴的两年多时间里却并未消停，他一直忍辱负重，又遣人不断贿赂伯嚭。伯嚭拿人手短，自然不断在夫差面前为勾践讲情。久而久之，夫差经不住劝诱，也萌生了释放之心，但屡屡被深谋远虑的伍子胥激挡回去。

某日，勾践得知夫差患病，便入见伯嚭请求探望，伯嚭奏请夫差，获准。勾践来到夫差榻前，尚未说话，先伏地而跪，口中说道："闻大王贵体微恙，小臣心中不胜焦虑，故特奏请前来探望。臣略通医术，可为大王诊病，望能得大王允许，以表效忠之心。"

恰在此时，夫差要出恭，勾践一干人等便退出屋外。返回时，勾践竟自顾拿起夫差的粪便，送入口中品尝，而后伏地称贺："大王病体即将痊愈！臣尝大王粪便乃是苦味，这是病情好转的征兆。"

夫差眼见勾践昔日一方诸侯竟如此待己，感动得一塌糊涂，当即表示病好即送勾践回越。

勾践得偿所愿回国以后，一方面送出西施等美女迷惑夫差，一方面休养生息，励精图治。他睡觉时必卧柴薪，吃饭时必先尝苦胆，意在告诫自己时刻不要忘记吴国之耻。他率众大臣亲自耕作，王后则带领宫女亲自纺纱织布。受此激励，越国上下万众一心，元气迅速恢复。十年后，勾践终于重振雄风大败夫差，一并了结了前愁旧恨。

虽然勾践叱咤风云的年代已经离我们非常久远，但他那种坚忍不拔的精神时至今日依然广为世人所称颂。或许勾践的霸气不如夫差，但他那种善于在忍耐中积蓄力量的特质，却又是夫差所不能比的。

"坚忍"是极具深意的两个字，"坚"可理解为锐意进取，挺而不弱；"忍"可理解为持之以恒、能屈能伸、不计屈辱。这俨然是成大事的智慧。试想，倘若勾践没有坚忍之心，他能否挺过那饱受屈辱的三年？若他没有坚忍之心，必然性命堪忧，又何谈东山再起？

曾在《王竹语读书笔记》中看到这样一段话："忍耐痛苦比寻死更需要勇气。在绝望中多坚持一下，终必带来喜悦。上帝不会给你不能承受的痛苦，所有的苦都可以忍。"是的，所有的苦都可以忍！人谁无陷入困境之时，只要常怀坚忍之心，不忘在忍耐中积蓄力量，则必能挺过难关，徐图东山再起！且不论是示敌以弱，还是韬光养晦，这都是行走人世所不可或缺的大智慧。

只是很多人每每遭遇挫折打击便心灰意冷，轻而易举地将目标放弃。是的，在遭逢人生变故以后，最简单、最省力的方法就是放手不干，大多数人都是这样想的，也是这样做的。只是，倘若这目标不切实际也罢，毕竟我们不能一条路走到黑；但倘若这目标并无差池，只是因为你的懦弱而轻易放弃，扪心自问，你又是否对得起你自己？

要知道，成功者之所以能够成功，依靠的绝不是纯粹的运气，而是他们坚忍不拔的精神与矢志不移的努力。坚忍的性格永远是欲成大事者必备的基本特质，天下没有免费的午餐，磨难总要靠坚忍去征服，这是古往今来最基本的成功法则。

不想被践踏，就用最快的速度爬起来 ◀◀◀

是人便有失意之时，但意可失自尊绝不可失！是以卑微博同情还是做自食其力、人见人敬的英雄，相信你的心中会有一杆秤。

一位哲人曾经说过："既然你降临到这个世界上，就得像大海承受雨水一样，勇敢地去承受人间的困苦和挫折，任何惧怕和逃避都是无济于事的。"人生本无常，或许此时你正风生水起，下一刻便突然暴风骤雨。对此，我们必须做好充分的思想准备，切不能被突如其来的变故所击溃，即便事实再残酷，我们也要微微一笑坦然面对，权当是天将降大任前的磨砺。苏联文学家奥斯特洛夫斯基说得好："人的生命似洪水在奔腾，不遇岛屿和暗礁，难以激发起美丽的浪花。"纵观沧桑人世，无论是历史画卷，还是当代奋斗史，无不充斥着搏击沧海横流的壮美诗篇。据说，曾有人专门比对过国外293位知名人士的传记，竟发现其中有127人曾遭遇过人生的重大挫折，而他们的奋斗史几乎都是相同的模式——"跌倒在地→知耻后勇→收获成功"，这俨然正印证了那句话——自古雄才多磨难！

只是有些人，似乎天生就是孬种，别人在跌倒以后，拍拍灰尘，振作精神，吸取教训，继续前行。而他们索性倒地不起，瘫在那里，就像一摊烂泥。

这种人可能很自卑，他们总感觉自己不如别人，于是习惯性地妄自菲薄，然而越是如此，他们就变得越加懦弱。他们因此丢失了生活的乐趣，常被烦恼、忧愁、失落、焦虑所挟持；他们无论对待工作和生活，都缺乏起码的激情；他们万念俱灰、毫无斗志，跟行尸走肉没有什么区别。这种状态下，他们一旦遭遇些许挫折，便会如天要塌下来一般，躺在那里似在等死。他们似乎觉得，反正没有人看得起自己，破罐子破摔又如何？殊不知，人越是这样，就越会受到鄙夷。一个人若是不想被践踏，唯一的途径就是以最快的速度爬起来。

这种人不是不能爬起来，而是习惯性地好吃懒做，总想以抱怨求得认同、以卑微博取同情，让别人来接济自己的人生。可想而知，他们的人生是何其不堪，任谁也不会对他们高看一眼。

曾听过这样一个故事，不知道你读过以后会作何感想。

布莱恩特很成功，他从底层职员做起，一步一个脚印、一点一滴地积累，到了不惑之年，他便拥有了自己的公司，过着富足且受人尊敬的生活。

那一天，布莱恩特走出办公大楼，正当他准备穿过马路时，身后突然传来"嗒……嗒……嗒……"的声音，很显然，那是盲人在用竹竿敲打地面探路。

布莱恩特愣了片刻，接着，他缓缓转过身来。

盲人觉察到前方有人，似乎突然矮了几厘米，佝偻着身子上前哀求道："尊敬的先生，您一定看得出我是个可怜的盲人吧？您能不能赏赐这个可怜人一点时间呢？"

布莱恩特答应了他的请求，"不过，我还有事在身，你若有什么要求，请尽快说吧。"他说。

盲人从污迹斑斑的背包中掏出一枚打火机，摸索着塞到布莱恩特手中，接着说道："尊敬的先生，这可是个很不错的打火机，但是我只卖两美元。"

布莱恩特叹了口气，似乎想说什么，转而又止住了。只见他掏出一张钞票递给盲人，说道："虽然我并不抽烟，但我很愿意帮助你，我可以把它作为礼物送给下属。"

盲人感恩戴德地接过钞票，用手一摸，发现那竟然是张百元美钞，他似乎又矮了几厘米："仁慈的先生啊，您是我见过的最慷慨的人，我将终生为您祈祷！愿上帝保佑您一生平安！"

布莱恩特笑了笑，他不想在这里听赞歌，转身准备离开。可是，盲人突然拉住他的衣角，口中喋喋不休道："先生，您知道吗？我并非天生失明，我之所以落到这步田地，都是拜15年前迈阿密的那次事故所赐！"

布莱恩特浑身一颤，问道："你是说那次化工厂爆炸事故？"

盲人见布莱恩特似乎很感兴趣，说得越发起劲："是啊，就是那一次，那可是次大事故，死伤好多人呢！"他似乎想用自己的遭遇博得布莱恩特的同情，以换来更多的施舍，于是声音突然变得哀怨起来："您不知道我有多么可怜，失明以后无依无靠，饥一顿饱一顿地活着，也许死在某个角落里都没人收尸。"

盲人越说越激动："其实我本不该这样的，当时我已经冲到了门口，可身后有个大个子突然将我推倒，口中喊着'让我先出去，我还年轻，我不想死！'而且，他竟然是踩着我的身子跑出去的！随后，我就不省人事，待到我从医院中醒来，就已经变成了这个样子！哎！人性真是太丑陋了！"

谁知，布莱恩特听完以后，口气突然转冷："勒布朗，据我所知事情并不是这样，你将它说反了！"

盲人亦是浑身一颤，半晌说不出一句话来。布莱恩特缓缓地说："当时，我也在迈阿密化工厂工作，而你，就是那个从我身上踏过去的大个子，因为你的那句话，我这一生也忘不了！"

盲人怔立良久，突然一把抓住布莱恩特，发出变调的笑声："命运是多么的不公平！你在我身后，却安然无恙，如今又能出人头地，我虽然跑了出来，如今却成了个一无是处的瞎子！这灾难原本是属于你的，是我替你挡了灾，你该怎么补偿我？！"

布莱恩特十分厌恶地推开盲人，举起手中精致的棕榈手杖，一字一句地说道："勒布朗，你知道吗？我也是个瞎子，你觉得自己可怜，但我相信我命由我不由天！"

同样的遭遇，有人沦落到以谎言博同情、靠施舍求生存的地步，有人却能自食其力博得名誉和地位，这难道真的是命运的安排？恐怕只有没志气的人才会这样认为！而你，是愿意做布莱恩特那样的"英雄"，还是盲人那样的"小丑"呢？认真去选择吧！

挫折算得了什么？！常言道"吃得苦中苦，方为人上人"，人生不怕苦难来袭，因为这不过是一种磨砺。怕就怕我们胆小如鼠，些许挫折就将斗志熄灭，些许磨难就将信心淹没，从此困顿萎靡，一蹶不起。

逆境之中，倘若我们一味抱怨命运，认为自己就是最不幸的那个，蜷缩在地、自怨自艾，那么，或许真的就会人见人踹、猪见猪拱，余生再也别想得到别人的尊重。想要战胜命运，活出个人样，你首先就要以一种客观、平和的心态去对待人生，不要一直盯着阴霾，因为越是如此，你就越会变得软弱无能。你应该这样：用自己的能力、用自己的信心证明给别人看——我可以继续开创美丽的人生！若非如此，若是依旧胆小如鼠、弱不禁风、萎靡不振、倒地不起，那么，永远也别指望别人高看你！

第八章

积累"人脉"，不要孤立自己

　　人脉好比一座不可估价的矿藏，拥有这座矿藏，你便等于拥有了取之不尽、用之不竭的财富。聪明人认识到这一点，所以聪明人成功了；愚蠢的人认识不到这一点，所以他们离成功总是有些遥远。有些人一辈子认识不到这一点，于是，一辈子不见有什么起色。

单凭一己之力，达不到真正的强悍 ◀◀◀

俗语有云："一枝独秀不是春，一树独矗不成林。"想要获取成功，单靠自己，太单薄；光靠别人，太无能。有识之士往往都是在最恰当的时机，借助别人的一臂之力，完成自己的梦想。

人是群居性动物，这一点毫无疑问，所以人们需要以互助求生存，以合作求发展。事实上，根本没有人可以离群索居，彻底摆脱对别人的需要。因为若是这样，可以说连基本的衣食住行问题都无法解决。

同样，在复杂的大环境下，一个人若想单凭一己之力，便做出一番大事业，成为真正的强悍之人，俨然是痴人说梦。毕竟，双拳难敌四手，好虎架不住群狼！就像俗语所说的那样："一个篱笆三个桩，一个好汉三个帮。"而篱落之下独木成林焉能存？你力拔山兮也好，气吞山河也罢，若无人扶持，终究不会有什么大作为。试看古今中外，又有哪一个人能单凭一己之力叱咤风云呢？

且看楚汉争霸：那刘邦若不是得遇运筹帷幄之中、决胜于千里之外的张良；镇国家、扶百姓、给馈饷、不绝粮道的萧何；率百万之众、战必胜、攻必克的韩信，又岂能平定四方？而项羽有一范增却不善用，终究饮恨乌江。

且看三国诸雄：刘备桃园得关张、茅庐拜诸葛、以德感子龙，又收马超、魏延、黄忠、严颜、王平等一班猛将；曹操更不必说，求才若渴，帐下能人如云，文有郭嘉、程昱、荀攸、贾诩、许攸，武有张郃、张辽、夏侯渊、夏侯惇、许褚、徐晃、操仁等等；再看孙权，麾下能人虽然不及刘、曹二人，但亦有周瑜、鲁肃、陆逊、吕蒙、黄盖、太史慈、凌统等人辅佐，故而这三人能在乱战之中由小变大、由弱变强，形成三足鼎立之势。反观那"四世三公"、兵强马壮的袁绍，有上将而不善用，气得子龙转投刘备；有谋臣而不能听，致使田丰、沮授、许攸死的死、走的走，终落得个含恨而终。

且看八百里水泊梁山：宋公明不过一介文弱书生，但凡大事临头往往惊惶无措。若不是智多星、入云龙稳坐帐中，若不是一百单七位兄弟的"哥哥休要惊慌"作为支撑，他又怎能叱咤一方？

且看西天取经：唐三藏手不能提，若没有齐天大圣一路降妖伏魔，八戒、沙僧鞍前马后，白龙为坐骑，他又岂能安抵天竺，取得真经？

这一切，俨然为我们讲述了一个不争的事实，即一个人的本领再高，也不过是区区之力，终究无法称雄。而做人，只有懂得合作之道、懂得借别人之力以为己用，才能够如虎添翼，使自己的力量变得更强大。

在香港商业有这样一段佳话，不知大家可否知道：

上世纪50年代末，在香港商界驰骋着"三剑侠"，他们分别是地产巨子郭德胜、证券大王冯景禧、华资探花李兆基。"三剑侠"中的老大郭德胜，在当时已近天命之年，他是"鸿昌进出口有限公司"掌门人，其旗下企业年营业额在1000万港元左右。倘若以此为本，郭德胜倒也可以安居乐业，颐养天年。不过所谓"老骥伏枥，志在千里"，郭德胜并不甘心就此罢手，他打起了进军房地产领域的主意。可是，这是个大投资，需要调动的资金数量惊人，当时的郭德胜明显实力不足，而且他也希望招揽一些有实力的年轻人来冲锋陷阵，于是，郭德胜找来了好友冯景禧和李兆基，共议大事。

冯景禧称得上是白手起家，个人意志力极强，而且在1950年便已与人合伙购买土地官契，进入房地产领域，到冯德胜找他合作的1958年，他已经积累了不少经验，可以称得上是一位行家里手。

李兆基在"三剑侠"中年纪最轻，他七八岁时就常到父亲的铺头吃饭，自小对生意已耳濡目染。其人反应敏捷、足智多谋，亦对香港的实业进行过多方面考察，也认为进军地产是最佳选择。

于是，三人一拍即合，本着"同心协力，进军地产，你发我发，大家都发"的宗旨，合力创办了"永业企业公司"，即香港新鸿基企业有限公司的前身。"永业企业公司"以"三剑侠"为核心，另招揽五位股东合作，他们的第一笔买卖——买入沙田酒店，便表现出了不同凡响的志向。这"三剑侠"中郭德胜经验老到、冯景禧精通财务、李兆基有胆有谋，三人联手各施所长，可以说是珠联璧合、如虎添翼。结果，这三位后来都位列香港十大富豪之中，他们的故事被誉为中国现代经济史上的一段佳话。

其实从古至今，有识之士就一直在强调人际关系的重要性，儒家代表人物孟子老先生早在千年前就指出了成功的关键三因素——天时、地利、人和，而三者的关系则是——天时不如地利，地利不如人和，这"人"若是能和，便可惊天动地，足见其能量是何其之大！

只不过，总有那么一些人自命清高，抱着所谓的"高傲"不放，自己落单却又看不惯别人结帮拉伙，这些人绝做不到真正的强悍！

清高的人很可能没有朋友，在需要借力的时候，没有人向上推你，在受困之时没有人拉你。这样的你，即便豪气冲天、能力不凡，至多也只是一只折翼青鸟，根本飞不到成功的彼岸。

羡慕他人，显然是你不如人，你羡慕他人的前呼后拥、高朋满座，为何不将自己打造成吸引人脉的能量场？反而是在那里虚伪地唱着"单身情歌"，在那所谓的"曲高和寡"中夹杂着无限的自怜自艾，戴着自欺欺人的面具过着可悲可叹的生活。

或许还有这样一种人，他们总是会说："我不管别人怎样，我也没有什么远大理想，我只求做我自己。"这现实吗？显然不！除非你能"跳出三界外，不在五行中"，否则只要你活在这尘世一天，你就不可能完全避免与人产生交集，你就不可能完全不考虑别人对你的态度。归根结底，你的生存还是需要别人。

说了这么多，只是想告诉大家，人不可能独立存活在这个世界上，更不可能完全依靠一己之力攀上巅峰。前进的路上我们需要与人结伴同行，这不是要你去溜须拍马、刻意逢迎，只是希望你能够令有用的资源发挥出最大的效用。

没进入他们的圈子，他们就不会把你当圈里的人 ◀◀◀

圈子就好比一只八脚章鱼，那些触手总是在不停地集合、交错着，只是我们常常不自知、不在意，因而常常与"贵人"擦肩而过。

中国人常说"肥水不流外人田"，看上去似乎带着颇重的小农思想，但细思之，事实又何尝不是如此？人毕竟都带着几分自私的天性，都不可避免地要为自己的利益着想，倘若人们真的能够做到大公无私，那这个世界也就真的和平了。

那么，我们还是谈谈这个"圈子"内外的人吧。

"圈子"，众所周知，就是人们根据共同的爱好、兴趣，或是某种关系、某一目的集结而成的人群，也就是所谓的"物以类聚，人以群分"。

在古代，文人墨客给它起了个比较好听的名字——朋党。君子相交即为"朋"，小人相交就是"党"。但无论是"朋"还是"党"，有一点是共通的，即有了好处首先想到的肯定是"我"这"圈子"中的人，至于其他人，还请靠边站吧！

这种"自私"的行为，从类人猿直立行走开始，就不间断地传承至今，而且可以肯定的是，它还会继续传承下去，沧海桑田、海枯石烂亦不会改变。因为，它是由人性所决定的。

基于此，圈子不可避免地要带有那么一点自私性，或轻或重，但这绝不是说结成圈子就是狼狈为奸、拉帮结派。事实上，圈子是每一个人生存的心理需要，因为它的存在会给人一种归属感和安全感。

如今要办好一件事，着实要费一番力气，往往单凭一己之力很难奏效。尤其是你所要办的事情不在自己熟悉的领域之内，则更是难上加难。这个时候该如何是好？没错，你可以借助圈里的力量，让圈子中人为你搭个阶梯，事情就会好办很多。

比如比尔·盖茨，别看他今日声名显赫，似乎无所不能，其实，他人生中的第一桶金——与当时世界第一大电脑公司IBM签订合作意向，也是靠拉关系才赚来的。

当时比尔·盖茨还在读大学，人脉不广，他是怎样抓住这条"大鱼"的呢？这完全要归功于一位关键人物——比尔·盖茨的母亲。盖茨的母亲是IBM董事会的董事，由她牵线将儿子介绍给IBM的董事长，这不是理所当然吗？这就是所谓的"近水楼台先得月"，正是凭借这一次成功的"捞月"，比尔·盖茨为自己的事业奠定了第一块基石。

我们不妨作个假设：倘若比尔·盖茨没有母亲这层关系又会怎样？以当时的社会地位而论，比尔·盖茨这个一文不名的毛头小子想要与堂堂IBM大当家坐下来谈合作，恐怕是天方夜谭吧！若如此，或许他依旧可以成功，但要延后多久想必就是个未知数了。

所以说，圈子中有人好办事，这与"朝里有人好做官"是一个道理，你想要达成某个目的，只要你跻身于这个圈子或者有人脉关系在这个圈子中，就会省很多力气。

有这样的好处，难道还不足以引起你的注意？别再犹豫，也别假装不屑，马上去培养你的人脉，让自己成为一个既有才能又有人缘的俊杰。否则，你前进的路上极有可能障碍重重。事实上，很多人之所以屡屡败北，恰恰是因为平时不注意经营人际关系，将自己孤立在圈子之外所致。

我们来看看下面这个故事：

某机关单位准备在年轻新锐中提拔一位当办公室主任，经过各方面的评估，目标人选确定为两人——刘立群和展昭鹏。客观地说，刘立群的条件较之展昭鹏要略胜一筹，不过展昭鹏也有他的优势——人缘好，能与各种人打成一片，刘立群则恰恰相反，他有个外号叫"独行侠"，平日里总是一副"举觞白眼望青天"的模样，似乎这辈子也不会求人。因而在单位中，与其相交的人少之又少。

这个办公室主任的职位，二人都很看重，于是明里暗里较起劲儿来。刘立群也算有自知之明，知道自己平素人缘不好，于是就想到领导那里走走后门，没想到偷鸡不成蚀把米，礼物被退回不说，还惹得领导大发雷霆。最后，领导决定以集体投票的形式来决定人选，结果展昭鹏得到29票，高票当选，而刘立群却只得到了可怜的3票。

这世上有才能的人比比皆是，倘若你恃才自傲，对别人不屑一顾，那么，刘立群的遭遇一定会在你身上重演。刘的悲哀就在于，他一直没有意识到融入圈子的重要性，平时不烧香，临时抱佛脚。类似于刘立群一样的朋友在这方面也应该好好反省一下，千万不要一错再错，否则在人生的竞争中，你就很难胜出。

你认为这不公也好，坑爹也罢，但圈子就是这样，圈中人对圈外人铁定会有排斥心理。别以为自己一技在手，就可以走遍神州，能力是一方面，但人和也是一方面，而后者的作用在很多时候显然要远胜于前者。

倘若今日你还未认识到"社会地位的竞争就是人脉的竞争"这一点，那你就没有活明白！一个人想在社会中生存、发展，就必须深谙优胜劣汰的竞争法则。你是优是劣由什么来决定？不仅仅是能力、素质等内在条件，还有至关重要的一点就是他人对你的看法。不是有那么一句话吗？——说你行，你就行，不行也行；说你不行，你就不行，行也不行！对此，想必有点社会阅历的人都深有体会吧？

李世民说过一句非常有名的话，那就是"水能载舟，亦能覆舟"。

同样，人能成你，就能败你。能力不相上下的两个人，人缘好的，就能得到众人的支持，做起事来顺风顺水；人缘差的，在遇到困难的时候就得不到帮助，甚至还会有人跳出来踹上两脚。这就是"圈内"与"圈外"的差异，由不得你不服气。

或许，有些人天性腼腆，不习惯在人群中走来走去，但最起码你要融进自己生活的圈子之中，但凡有聚会，不要次次推托，但凡有活动，不要总是躲在角落，不要总是给人一副冷冰冰的感觉。事实上，想要融入一个圈子并不难，这并不需要你去巴结奉承，只要你多去附和大家的建议和号召，别拒人于千里之外，多挤出一点热情，很容易就会受到大家的欢迎。

不论你现在的人缘怎样，但请记住：你在一个位置上就至少要融入一个圈子，不要让人将你排斥在圈外。

不主动联系别人的人，不会有丰富的人脉资源 ◀◀◀

会做人的人总是能够未雨绸缪，从不放过与朋友联络感情的机会，无形中便为自己铺下了很多条路。而那些临时抱佛脚的人，则往往都是铩羽而归。

常听人说"距离产生美"，此话并不十分妥帖。诚然，人与人之间是要有些距离，老是腻在一起，或许也会日久生厌，于是人世间便有了"小别胜新婚"一说。但是，这距离必须要有个限度，若是两地分隔，老死不相往来，距离是有了，可还有美吗？

经营人际关系也是如此。你不能把谁都当成知己，知无不言，言无不尽，将自己的弱点、秘密和盘托出，以显示彼此的亲密无间，这样很容易被人"一剑封喉"。但是，你也不能做"独行侠"，独来独往我行我素，不予人片语只言，因为这个关系你不能晾，晾得越久便越显生疏，越生疏便越不堪用，那这个圈子便等于被你废弃了。

正所谓"亲不走不亲"，时间与空间上的距离久而久之足以令一切情感失色，何况没有血亲的人际关系！

偏偏生活中就有这样一些人，他们平时想不起人家，甚至连个电话都懒得打，可一旦有事求助，又开始大献殷勤，结果可想而知，多半是灰头土脸，无功而返。老百姓对这种行为嗤之以鼻，斥曰："平时不烧香，临时抱佛脚。""佛"虽然乐善好施，但也是有针对性地施与，对于自己的"信徒"，他当然毫不吝啬，可是你平时对"佛"理都不理，事到临头才烧几炷香表示一下，"佛"就这样轻易答应你，岂不是很没面子？更何况，他的"信徒"会怎么想？再进一步说，倘若如此简单，那大家都不用信"佛"了，临时抱下佛脚，不就万事大吉了吗？

中国有句俗话："礼多人不怪。"在人际交往中，这个"礼"绝不可少，没有起码的礼尚往来，完全不能说你已经握住了这支人脉，充其量也只能说"认识"罢了。少了基本的联系和沟通，即便原本不错的关系，也可能越变越冷，乃至最后"相见两无言"，象征性地颔首而过。这完全与我们"以人为本"的宗旨背道而驰。

说一千道一万，其实就是想告诉大家，做人不要太孤傲，也不要太现实。人与人之间的关系，需要时不时地通络一下，不然这条通道很可能就会堵塞。就拿亲戚来说，就算是拐弯抹角地沾亲带故，说起话来也要比一般人方便一些。但是，亲戚也不是随传随到的，没事不走动，有事再登门，就是亲戚也会觉得你这人太市侩，因而办事的成效往往会大打折扣。在这方面，有位哥们的做法很值得我们借鉴，大家一起看一下：

三十岁出头的刘宏伟能力很强，做过几年小生意，攒了一点家底。他还是个有志向的人，不希望一直这样小打小闹下去，恰巧村里有片林地要对外承包，他有心拿下这个项目，在山上放养一些牲畜、家禽，每个季节再采集一些山货，如蕨菜、蘑菇、榛子、松子、药材之类，想来也是一笔不小的收入。只是，他现在的手头资金有限，心有余而力不足。

刘宏伟思前想后，突然记起自己有一个远房亲戚，是父亲的表弟，也就是他的表叔。这位表叔在市里做建材生意，效益不错，是市里有名的"大款"。这位表叔倒是有能力资助他一下，只是长时间不往来，日久生疏，贸然前去，似乎显得自己太唯利是图了，事情肯定办不成。

该怎么办呢？刘宏伟决定先把关系搞好。他透过亲戚得知表叔近来身体不太好，他决定趁此机会去看望一下表示关心。

"表叔，这段日子太忙，一直没抽出时间看您，您怎么病了呢？身体是革命的本钱，咱们还是要以身体为重。我今天带了点营养品，不值几个钱，就是一片心意，希望您能早日康复。"刘宏伟说着将礼物放到了客桌上。

虽说两家好久未曾走动，刘宏伟的到来让表叔多少有些意外，但凡是病人都希望有人来亲近自己，这位表叔也不例外，心里是分外高兴："宏伟啊，你今天能来，表叔就很高兴了，还带什么东西啊，今天中午咱爷俩喝两杯。"

自此以后，两家的关系逐渐亲近起来，刘宏伟更是时不时地就往表叔家里跑，而表叔也对他视如己出。刘宏伟觉得时机差不多成熟了，这天借着酒劲，便开始跟表叔套话："表叔啊，您老对我真是太好了，我都不知道何以为报。"

"孩子，别说外道话，咱们是什么？亲戚啊！打折骨头连着筋呢！我是你的长辈，应该多照顾你，以后有什么困难尽管开口，表叔多多少少也是能办点事的。"

刘宏伟见机不可失，故作感激万分状，将自己欲承包林地的事说了出来。

"不错啊。年轻人就该有志向、有魄力，表叔大力支持，不过你也要慎重一些，稳中求进。"

刘宏伟连连点头称是，接着便将自己资金不足的尴尬说了出来，表叔二话没说，当即借给了他十万元钱。

什么叫会来事？看看刘宏伟你就知道了。亲戚也有贫富远近之分，倘若平时不来往，贸然地去求人，成功的希望极其渺茫。但倘若抛砖引玉、投石问路，先设法增进彼此的感情，待该出手时再出手，结果就大不一样了。

其实，其他关系诸如朋友、同学、战友也是一样，不走不亲。人际交往，讲究的就是个"往"，有来有往、礼尚往来，这是国人很注重的事情。只有经常性地走动、沟通，才能深化感情，将人脉牢牢抓在手中。

在现实生活中，不乏这种局面：朋友甲经常性地照顾乙，而乙一直毫无表示，不冷不热、不咸不淡，并不给出应有的回应。久而久之，甲必然心生间隙，认为乙不通人情世故，对于自己缺乏起码的诚意，于是便懒得再管对方的"破事"。相反，倘若乙会来事一点，不说涌泉相报，就是常去甲那里走动走动，帮他做一些力所能及的事情，甲也会非常高兴，因为他的付出得到了回应，是故，他会一如既往地帮衬下去。

事实上，就算是父母至亲，在为你付出以后，也希望听到一句感激的话，这对于他们而言是一种心理补偿。若是你只看重"来"而忽视"往"，那么时间长了，真的有可能会落入"众叛亲离"的境地。

正所谓"来而不往非礼也"，其关键就在这个"往"字，"有来有往"，你才能够在关键时刻得到亲友的鼎力相助。所以，千万不要忽略这一点，于情于理我们都应该通晓这点人情世故。

多看人的优点，小毛病不要挑剔 ◀◀◀

孔雀开屏，光彩照人，但如果一个人不看孔雀那美丽的羽毛，只看到孔雀开屏露出的屁股，便说孔雀是丑陋的，那未免就有失公允了。

古语云："水至清则无鱼，人至察则无徒。"这并非是古人的舞文弄墨、咬文嚼字，其实仔细分析，你就会发现其中的道理。

此语的前半句我们需要从生态学的角度看。就像老百姓口头说的那样"大鱼吃小鱼，小鱼吃虾米"，再往下，更小的水生动物则需要以水藻一类的微生物为食，这是一个食物链。可想而知，有水藻类的微生物，这水还能至清吗？倘若真的清了，上一级的水生动物就会饿死，以此类推，这水中的生物也就绝迹了。

此语的下半句需要从社会学角度去分析。一个人，倘若太过苛责，不允许身边的人有一丁点儿缺点存在，那么，这个人绝对是没什么朋友的。

为什么？因为人非圣贤，孰能无过！更何况，就是孔子那样的大圣人最得意的高徒之一曾子，还要"吾日三省吾身"，才能保证自己尽量少犯错误，更别说咱们这些普普通通的"俗家弟子"了。要知道，人都是要脸面的，尤其不喜欢别人对自己指指点点。你倒好，看到别人身上的一点瑕疵就冷嘲热讽、横加指责，谁还愿意与你交往？谁还愿意为你办事？没有人会这样"自讨苦吃"的。

所以说，一个人想要积累好人缘，办大事，就不能神经过敏、小肚鸡肠，否则就算是至亲之人也会对你敬而远之。

这一点对于管理人员而言尤为重要，管理的成功莫过于令"能者在职，贤者在位"，讲究的是人尽其才、为我所用。这就需要领导者必须具备豁达、宽广的胸襟，在用人时避其所短、用其所长，而不是矫枉过正、吹毛求疵，若果真如此，恐怕真的就无人可用了。

曹操曾经说过："有进取心之人，未必有德行；有德行之人，未必有进取心。陈平什么德行？苏秦可曾守过信义？可是，陈平保住了汉家江山，苏秦救了弱小的燕国，这是因为主子给予了他们发挥所长的机会。"

刘邦手下名臣陈平年轻时就是个游手好闲的二流子，好逸恶劳，全靠兄长养着，时间一长，连嫂子都频频给他白眼，好人家的闺女更是没人愿意嫁给他。后来，他得到了刘邦的重用，于是有人不知是忠心进谏还是出于私心，告发他曾收受贿赂的劣迹，甚至指出他曾与嫂子通奸。而且这陈平，一开始投奔的是楚霸王项羽，因为项羽厌恶他的为人要杀他，他才转投刘邦的。理论上说这种人劣迹斑斑，当然是不堪重用的。可是，刘邦并没有理会这些，他给了陈平施展才华的机会，作为回报，陈平不仅在楚汉之争中屡立奇功,而且在刘邦死后,协助周勃诛灭诸吕,巩固了汉王朝的百年基业。

战国时期的纵横大师苏秦是靠一张嘴吃遍天下的人物,因为家人不满他的不务正业而冷落他,故而在他功成名就之时,在嫂子匍匐在地不敢仰视的情况下,他还出言奚落:"何以前倨而后恭也?"可见也不是什么善类,至少心眼小得可以。此外,这苏秦先是到秦国游说秦惠王,出谋划策让他去统一天下,失败后又转而到秦国的敌方去游说——联合齐、楚、燕、韩、赵、魏共同抗秦。像这种两头卖好的人,也不能说他有什么高尚的操守。但是,他确实令六国百姓安稳地度过了数年,燕王倘若不是首先任用苏秦,恐怕也早就成为秦国案板上的鱼肉了。

宋朝的吕蒙正留下这样一段话,对管理者而言足称得上是至理名言,他说:"一般而言,君子都看不惯小人的所作所为,但如果过分追究,恐有乱生。不若宽容之,使之知禁,这样才能使管理工作顺利开展。从前,汉朝的曹参对司法与市场的管理非常慎重,认为在处理善恶的执法量刑上应该有弹性,要宽严适度,谨慎从事,必然能使恶人无所遁形。这正如圣上所言,就是在小事上不要太苛刻。"

鸡蛋里挑骨头,智者不为,凡事留有回旋的余地,对细枝末节的小事不如睁一只眼闭一只眼,这其实是大多数中国人为人处世的信条。正所谓"金无足赤,人无完人",你拿着显微镜去看伤口,必然是不堪入目,无论是在企业管理还是人际交往中,都不能这个样子!

据说,战国时卫国的苟变颇有军事才能,能带兵500乘,合3.75万人的兵力,这在当时来说,已经是大将之才了。可这个苟变却一直不受重用,原因就是他当税官时曾经白吃了百姓两个鸡蛋。后来子思来到卫国，对卫侯说："合抱之木，虽烂几尺，木匠也不会弃掉它。今处于乱世，亟须军事人才，怎么能够因为白吃两个鸡蛋的小事而废掉不用一员大将呢？"子思的这番话点醒了卫侯，苟变才得以为将，倘若子思不来，苟变恐怕一辈子都得为这两个鸡蛋负罪了。

事实上，任何一个人，有其长就必有其短，人际交往中很重要的一点就是：不可以短掩长。倘若看人时，只看某一个侧面，而这一侧面恰好又是人家的缺点或短处，于是便武断地加以否定，那在你眼里天下就不会有好人。若如此，企业将流失大批人才，个人将会孤独终生，相信没有人愿意与吹毛求疵的人结伴而行。

换一个角度说，其实人的缺点，有时也未尝不是优点，关键还是要看你怎样去善用。下面这个故事，或许会给我们一些启发：

在一次商界人士聚会中，几位老总谈起自己的管理心得，其中一位说道："我有三个不成气候的员工，真想炒掉他们。这三个废物，一个整天嫌这嫌那，事儿多得要命；一个杞人忧天，老觉得公司会出事；还有一个把公司当自己家一样，想来就来想走就走，整天在外鬼混。"另一个老总听后思考片刻，说："既然如此，那你把这三个人送给我算了！"

翌日，三人来到新公司报到，那位老总为他们分配的工作是：嫌这嫌那的人做质检员；杞人忧天的人做安保员；喜欢外出的人做产品宣传员，每天东奔西跑联络媒体。你猜结果怎样？因为各自的工作很符合其特质，这三个人做得都很用心，为公司创造了不错的效益，他们也因而得到了新老板的嘉奖。

怎么样，这位老总在用人方面有其独到之处吧？由此我们可以看出，只要能够做到扬长避短，那么天下便无不可用之人。我们在人际交往中亦应如是，看人先看其长，后看其短，使他们的优势充分为我们所用，而不是千方百计地挑毛病。

三国时刘劭在《人物志》中强调："性格刚正、志存高远之人，往往不拘小节；而一丝不苟之人，在法理方面可以做到有理有据，正直公平，但不善变通，因而显得不通情理；性格宽容迂缓之人，为人仗义，至情至性，但是办事拖沓；好奇求异之人，性格狂放不羁，善权谋，诡计则卓异出众，但如果用平常的道德观来看待，则多是无德之人。"人就是这样，不可能方方面面都令人满意，而你要做的，就是看他有没有优势可用，如果有，那些小毛病其实完全可以视若无睹。

其实说到底，一无所长的废物毕竟没有，关键就看你能不能发现人的长处，善用人的长处。谁善于借用别人的优势，谁就"得道多助"，"泰山不择细壤，故能成其大；河海不择细流，故能就其深"，说的就是这个道理。

第九章

坚持言而有信，不做失信之人

高尔基曾经说过："走正直诚实的生活道路，必定会有一个问心无愧的归宿。"做人当以诚信为本，古往今来那些有大作为者莫不如是。人无信，则不立，试想，谁又愿意与一个满口谎言、毫无信用的人打交道呢？

言而无信，很难再获他人信任 ◀◀◀

若是在生意场上，你真真假假、虚虚实实，或者还有意义，毕竟这是一种博弈。若是在日常生活中，说话办事从来没个准儿，你做人的态度就有大问题了！

有道是"说出去的话，泼出去的水"，说出去的话又怎么收得回来？食言必为人所不齿，言而有信，你才能以人格力量赢得别人的尊重和信服。

曾经听过这样一个真实事迹，颇受感动，拿出来与大家分享一下：

在世界著名的纽约自然博物馆中，陈列着一尊重达数百公斤重的巨石，乍看上去，它与普通石头没什么两样，无非个头大了一些。但仔细观察就会发现，这块巨石有一个崩口，而顺着崩口处向内窥去，你一定会大吃一惊——那是一块熠熠生辉的紫水晶！关于这块水晶巨石的来历，还有一个动人的故事。据说，它原本是扔在一个美国人院内的废石，主人觉得它样貌丑陋、身形庞大，既占地方又有碍观瞻，于是便请人将其移走。在搬运时，工人不堪重负，将它摔落在地，于是石块四溅，紫水晶便这样露了出来。当主人得知以后，面对这价值连城的宝物，他只是淡然地说道："这块石头，我原本就不打算要了。现在虽然发现它的价值，但我一言既出，就绝不反悔。我决定把它送给博物馆，让更多的人欣赏到它的美丽。"

或许，有人会认为这外国哥们有点傻，是的，若以常理来看，他确实不够精明，自己院子里的东西，按照法律，那就是他的所有物，即便他不献出来，也绝对无可厚非。他说将石头扔掉，也不过就是随随便便的一句话，无关乎信誓旦旦的诺言，没有人会对此质疑。但是，对于石头的主人而言，这是一个原则问题，也就是说，他有一种"言必信，行必果"的态度，他就是要对自己说过的话负责！中国人说："君子一言，驷马难追。"是君子，就要讲信义，不以物移，而不是像小人那样出尔反尔，言而无信。毋庸置疑，这哥们就是个当之无愧的君子，他对于信誉看得比任何事情都重，宁可失去珍宝，也绝不让自己的信誉受损。因为他知道，信誉无价，千金难买，一旦受损则无可弥补。这是大义所在，或许唯有如此，他才觉得安心、坦然。

在我国古代，有"君无戏言"一说，皇帝为什么不可有戏言？因为他是文武百官乃至全国百姓的表率，他说的话那就是圣旨，圣旨岂能随意更改？他若自食其言，无异于是在抽自己的大嘴巴，会令群臣对他失去信任、令百姓对他失去信任，不但影响江山社稷，还畏惧史官的那支笔啊！所以，皇帝说话总是经过深思熟虑，他对语言的把握是谨小慎微的，违背自己意愿的话，即便他心里一百个不乐意，那也得照做不误。

其实，即便是没有身份的束缚，我们做人亦应讲究诚信，别做食言之事。你在一件事上对一个人食言，就有可能引发连锁反应，即形成"好事不出门，坏事传千里"的局面，而这种反应所带来的负面影响，绝对足以毁掉你的人生。

要知道，国人向来把诚信看得很重，对出尔反尔的人总有点深恶痛绝的感觉，于是人们之间相互约定——"君子一言，驷马难追""一口唾沫一个坑"。谁要是吐出去的唾沫往回咽，那就绝不仅仅是恶心人了，是"背信"，"背信"与"弃义"并驾齐驱，可见其罪名有多大！

是故老子说："人无信不立！"一个不讲诚信之人，没有人愿意与其谈论做人之道。试想，倘若生活中有人总是言而无信、放我们鸽子，我们究竟会作何感想？心中一定非常恼火，愤愤不平。那如果我们失信于人呢？人家也一定会和你一样，大为恼火、愤愤不平，进而对你作出极差的评价——"这个人反复无常，不是可信之人！"这名声若是传扬出去，恐怕这辈子你都要带着抹不去的污点生活了。

遗憾的是，很多时候，我们并没有认识到这件事的重要性，我们在对失信之人表示不齿的同时，却又重复着对方的错误，甚至对此没有一丝一毫的反省，这可真应了那句话——"只许州官放火，不许百姓点灯。"

或许你认为，有些话不过是随口说说，别人未必会当真，做与不做亦无伤大雅。然而，事情真的是你想象的那样吗？

有位朋友总是说话不算数，一开始，大家并未在意。有一次，他打电话告知大家，中午要做东请客。于是朋友们推掉了所有事，饿着肚子等他的电话，可是左等右等就是没音信。请客这种事，大家又不好打电话直接去问，也不知道是该继续饿着肚子等，还是先自己填饱肚子。其实这年月，谁缺一顿饭呢？只是大家都觉得，答应了赴约再自己解决了午餐，着实不够礼貌。等到最后，有朋友实在饿得受不了了，打电话过去问，他才告知"临时有事走不开，改天再约"。如此几次，他再谈请客吃饭，大家都心有灵犀地各自去祭五脏庙了。再后来，他说什么话几乎都没人当回事了。

对于这种人，高尔基极为不满，他说："人类最不道德处，是不诚实与怯懦。"西塞罗质问道："没有诚信，何来尊严？"左拉则叹了口气："失信就是失败。"是的，失信就是失败！或许你是说时无心，殊不知听者有意，他们将你自以为随口一说的话当真，在那里企盼着、憧憬着，而你却不声不响地涮了人家，那种失望后的愤恨与痛苦堪比失恋，接下来的就是对你一百个、一千个的不信任！

事实上，说话算话这点事，甚至连七岁顽童讲起来都能够头头是道，但为什么我们之中的很多人却一错再错呢？说到底，还是没有对诚信给予足够的重视，很多时候，正是因为轻视而信口雌黄，因为疏忽而未能兑现自己的承诺，于是为自己引来了许多麻烦，原本简单的事情也变得复杂了。

我们要搞清楚，别人之所以与你交往，绝不是为听假话来的，你若欺骗他们，即便只是小小的一次，也会令他们心生间隙，这就为你日后的失败埋下了伏笔，得不偿失啊！

烽火戏诸侯亡国，放羊的孩子不能当 ◀◀◀

即便在有的时间、有的地点，对有的人，我们不得不说一些谎言，那也希望它是真诚的、善意的、无害的谎言。

小时候，我们都听过《狼来了》的故事，那个放羊的孩子因为一而再再而三地欺骗大人，最终失去了大人的信任，非常悲惨地满足了狼的食欲。说实话，这个故事曾经对我们有过一定的震慑作用，那时候我们都不敢说谎，因为害怕说谎后的报应。只是，随着年龄的增长，我们逐渐变得胆大起来，早已将放羊孩子的命运忘在脑后，我们为了达到自己的目的，甚至只是为了满足一点小小的欲望，就不惜胡编乱造起来。或许在我们看来，只是撒一次小谎而已，无关民族大义、国家大事。只是你可知道？你所能欺骗的，都是信任你的人！这百分之一的欺骗，毁灭的却是百分之百的信任，令信任你的人倍感伤心！

欺骗！这是一种极其不端的行为，欺骗人无异于自绝于人！毕竟，若要人不知，除非己莫为，纸是包不住火的！你骗得了别人，却骗不了自己，骗得了一时，却骗不了一世。当你的谎言被拆穿之时，昔日的好友只会伤心地离你而去，昔日辛苦建立起的信誉从此也了无痕迹，没有人会接受这种恶意的要弄，等待你的或将是众叛亲离。

古今中外，将谎撒得最大的，莫过于中国西周时期的幽王姬宫湦，他这谎一撒，便毁了祖宗的数百年基业，足见其是何等的荒诞。

据说，这姬宫湦长得也是一表人才，智商也并不比谁低，就是这荒淫无度一般人不能比。当时，关中一带发生大地震，又有旱灾连年，百姓饥寒交迫，民不聊生，社会动荡不安，国力衰竭。姬宫湦呢？不思救黎民于水火，反而变本加厉，剥削百姓，又广征天下美女。当时，有个忠义之臣褒珦，力谏幽王，周幽王非但不知醒悟，反而将褒珦打入大牢。

褒珦被一关就是三年，褒氏族人想方设法要将他救出来。他们听说姬宫湦荒淫好色，便找到一位绝色美人，教其唱歌跳舞，为其取名"褒姒"，献给姬宫湦，替褒珦赎罪。

姬宫湦见了褒姒，惊为天人，浑身酥软，立即释放褒珦。此后，他荒淫日甚。这褒姒虽然国色天香，却冷若冰霜，自入宫以来从未展露笑颜。姬宫湦为博褒姒一笑，费尽心机，但褒姒始终不为所动。姬宫湦于是悬赏求计，谁能令褒姒一笑，赏黄金千两。这时，有个叫虢石父的谗臣竟建议姬宫湦烽火戏诸侯。

烽火台大家都知道，那是国家危难之际用来报警的通信设备，这一点起烽火各路诸侯以为犬戎兵赶过来了，无不焦灼万分，起兵助王。谁知一路奔到骊山脚下，却未见到半个犬戎兵人影，只有幽王拥着褒姒与一班佞臣在喝酒取乐。

众诸侯始知被幽王戏弄，怀怨而回。褒姒见到诸侯的狼狈相，心觉有趣，不禁嫣然一笑，简直看呆了周幽王，于是重赏虢石父。

这姬宫湦为了进一步讨褒姒欢心，屡屡以此为乐，戏弄诸侯，又不惜损害社稷根基，黜王后、废太子，立褒姒为后，其子伯服为太子。原太子宜臼的舅舅申侯进言，被姬宫湦削去爵位，并准备出兵攻伐。申侯得知以后，决定先发制人，联合缯侯，引犬戎之兵攻打镐京。姬宫湦闻知惊慌失措，急忙命人点燃烽火。可是，这烽火倒是熊熊燃起，但诸侯们因为屡受愚弄，以为又是幽王在耍把戏，竟无人发一兵一卒。

烽火台上狼烟滚滚，火光烛天，却不见一人来救，姬宫湦叫苦不迭，待火烧至前宫门，便带着褒姒、伯服仓皇出后宫门逃出。行至骊山脚下，犬戎兵追身而至，乱刀砍死周幽王、伯服，抢走褒姒（一说被杀）。至此，延续数百年的西周王朝宣告灭亡。

后人有诗云："良夜颐宫奏管簧，无端烽火烛穹苍。可怜列国奔驰苦，止博褒妃笑一场！"

姬宫湼博美人一笑的初衷也无甚大错，谁不希望心爱的女人笑口常开？错就错在他不该以自己的"信誉""威望"为代价，不该拿国家的根基——军队开玩笑，他将诸侯当猴一样耍弄，谁还肯为他卖命？即便无申侯之乱，想必这西周亦不久矣！

人无信不立，国无信则亡！诚信，犹如一潭清水，所有真诚都清清楚楚地装在里面，任谁能不喜欢？而失信，则如同在这潭清水中注入一团污泥，臭气熏天，任谁又不厌恶？聪明人都不会拿自己的诚信开玩笑，以诚为本，才能有人缘，才能有饭吃，才能做大事，这是人人皆知的道理，但真的不是谁都能做到。

在日益物质化的今天，很多人的道德在慢慢沦丧，唯利是图，金钱至上，欺骗铺天盖地地袭来，诚信慢慢处于下风。于是，我们看到了漂白馒头、红心鸭蛋、毒粉条、地沟油、瘦肉精、三聚氰胺……甚至，当老人跌倒时，我们已不敢再上前搀扶——这一切，不能不说是一种悲哀！

欺骗，玷污了人性，卑微了人格，摧毁了道德；欺骗，泯灭了良知，伤害了情感，让人与人之间的距离越拉越远；欺骗，不仅显示了人格的卑贱、品行的不端，而且更是一种只图眼前利益，不作长远打算的愚蠢行为。欺骗他人的人，或许能得到一时之利，但终究不会长远。

做人，唯有以诚为本，方可赢得人心。你说一次真话，守一次诺言，是一件小事；撒一次谎，食一次言，也是一件小事。但前者可称之为小善，后者则是小恶。或许你觉得它无伤大雅，但它确实决定了你的人生高度。

不轻易许诺，但答应了一定要做到 ◀◀◀

有些人，牛在天上飞，他在地上吹，看起来一副无所不能的样子，实则一无所能。须知，人的信用不在嘴上，而在行动上，用心去行动，你才能得到认可。倘若说一套做一套，只会令人鄙夷、厌恶，更别提做人的信用。

且不说你的能力有多大，只要生活在人群中，就免不了会有人向我们求助。倘若，对方所求之事对于我们而言只是张飞吃豆芽——小菜一碟，那么不妨伸出我们温暖的手，适时拉上一把，毕竟助人有时就是助己。但是，我们也不是万能的，所以不能什么事都不假思索地应承下来，倘若办不成，丢了面子事小，失了信誉事大。

受各种因素影响，这世间很多事并不是我们想做就能做到的。你看那千古一帝秦始皇，一生追求长生，可还不是病死途中？再看那吊死煤山的崇祯帝，一心想着明室中兴，可还不是未能阻止清兵的铁骑入京？有人求助，一力应承是面子，竭尽所能是善行。但毕竟我们有所不能，不能为了面子夸海口，为难了自己，又耽误了人家。其实，倘若真的无能为力，我们莫不如老实交代——"我不行"。如此一来，人家可以再另想办法或是另寻他人，总比在你这里耗着要强。

尤其在职场中更应该注意，千万不要打肿脸充胖子。职场还有别于家庭，同事、上司更不同于亲朋。你办砸了，亲朋或许还会给你几分谅解，可同事、上司绝不会考虑你当初的热忱，他们只会以事情的结果来评价你这个人，毫不留情。

有这样一个故事，或许会让我们有所警醒。

某师范大学毕业生回到户籍所在地中学任教。工作不久，恰逢教委要求该校抽调人员对全县中学进行实地考察，并提交相应的调查报告。这位毕业生还没有被安排授课，因此便被校长选中了。这令大学生非常为难，他刚走出校门，不仅对本地教学情况缺乏了解，而且，并没有实际工作经验，这项任务对他来说是个大难题。可是，校长已经开口了，总不好驳人家面子吧，于是只有硬着头皮答应了。

调研工作结束以后，其他学校的教师都按时上交了调查报告，唯有他因为不谙世故又缺乏经验，所以对于自己所负责的两所中学的实际情况并没有摸准，更别提作出专业分析了。教委对此很是不满，指责校长不会用人，校长将一肚子窝囊气都发到了年轻教师身上，这下他受不了了，又气又愧，最后只好引咎辞职。

这就是教训，你碍于情面勉强应承自己做不到的事情，别人非但不会领你的情，甚至还会将失望与怨怒发泄到你身上，吃力又不讨好，何必勉强为之？

诚然，或许你并非遑能，你只是不想驳人面子，可是别人未必这样想，他们多会觉得你浮而不实，夸夸其谈，言而无信。这种评价会对你的人生造成多大影响，想必无须多言了吧。

所以，倘若遇到没有把握的事情，不妨洒脱一点，不能便是不能，给人一个干脆的答案。这样，就算他们当时感到不快，但平心静气时也一定能够想通、能够谅解，总比你事办不成，落个猪八戒照镜子——里外不是人要好！

但是，请记住，如果答应了，那即使障碍再大，你也一定要给人家办到。因为，承诺在人际交往中的影响力是非常强大的，信守承诺，你便是在塑造自己诚实可靠的形象，你才能在事业上、在婚姻上、在家庭中取得成功。相反，倘若乱许承诺而无行动，没有人会愿意与你继续友情。说到做到，这是古今君子所奉行的，这样的人，才能在受困之时得到真心相助，在落魄之时体会到真正的友情。

曾看过一篇文章，名字叫《答应不是做到》，作者朵拉在文中揭示了人际交往中的一种不诚实、不守诺现象。他是这样写的："很多时候，我们向人求助，他们的反应是'好的，好的'。年轻时，听到朋友这样回答，我就非常放心，并且感动得很，因为有些朋友实在是仅有数面之缘。然而过不了多久，我就发现自己错了，是我放心得太早了。当他们点头说'好的，好的'时，或许只是口头上说说，至于行动，若是十中有一，你就是幸运的了。"文章中还说，这些人"承诺时，态度看起来非常诚恳，日子走过，却把说过的话当成风中的黄叶，霎时便无影无踪"。试想，倘若你身边都是这样的朋友，你会是怎样的心情？那倘若你以这种态度对待别人呢？孔子推崇忠、恕，恕就是"己所不欲，勿施于人"，如果你希望别人对你信守承诺，那么答应的事最好做到。

中国有句古话："人无信不立。"这里的"信"，就是信用、守信，也就是说能够按照自己事先答应别人的约定做事。如果一个人做事没有一个良好的信誉，是做不成大事的。就是在日常生活中，比如交友、学习、工作，我们也时时刻刻都离不开诚信这种美德。

是的，信用很重要，是人的名誉的根本。但信用绝非一朝一夕便可树立的。获得众人的信任，铸就自己的信誉，不论你采取何种方法，笃诚、守信及勤劳是最根本的要诀。所以孔子说做人最重要的是诚实。

在诚实的范畴中，承诺的力量是强大的。遵守并兑现你的承诺会使你在困难的时候得到真正的帮助，会使你在孤独的时候得到友情的温暖，因为你信守诺言，你的诚实可靠的形象推销了你自己，你便能够在人生的各个领域走得顺风顺水。

不论是在交际中还是在工作中，一个人的信用越好，就越能成功地打开局面，可以说，信用就是你最好的人生品牌。所以，不管在什么情况下，请务必恪守诚信，要用自己的行动去消除别人的怀疑，让他们亲眼看到你所做的一切都是为了他们的利益。换言之，你可以放弃其他，给人一个可信的面孔。商鞅之所以能够尽快实施自己的变法主张，靠的就是"信用"这面金牌。

公元前350年，商鞅积极准备第二次变法。

商鞅将准备推行的新法与秦孝公商定后，并没有急于公布。他知道，如果得不到人民的信任，法律是难以施行的。为了取信于民，商鞅采用了这样的办法。

这一天，正是咸阳城赶大集的日子，城区内外人来人往，车水马龙。

临近中午，一队侍卫军士在鸣金开路声的引导下，护卫着一辆马车向城南走来。马车上除了一根三丈多长的木竿外，什么也没装。有些好奇的人便凑过来想看个究竟，结果引来了更多的人，人们都弄不清是怎么回事，反而更想把它弄清楚。人越聚越多，跟在马车后面一直来到南城门外。

军士们将木竿抬到车下，竖立起来。一名带队的官吏高声对众人说："大良造有令，谁能将此木搬到北门，赏给黄金十两。"

众人议论纷纷，人们互相打探、询问……谁也说不清是怎么回事，因为谁都没听说过这样的事。有个青年人挽了挽袖子想去试一试，被身旁一位长者一把拉住了，说："别去，天底下哪有这么便宜的事，搬一根木竿给十两黄金，咱可不去出这个风头。"有人跟着说："是啊，我看这事儿弄不好是要掉脑袋的。"

人们就这样看着、议论着，却没有人肯上前去试一试。官吏又宣读了一遍商鞅的命令，仍然没有人站出来。

城门楼上，商鞅不动声色地注视着下面发生的这一切。过了一会儿，他转身对旁边的侍从吩咐了几句。侍从快步奔下楼去，跑到守在木竿旁的官吏面前，传达商鞅的命令。

官吏听完后，提高了声音向众人喊道："大良造有令，谁能将此木搬至北门，赏黄金50两！"

众人哗然，更加认为这不会是真的。这时，一个中年汉子走出人群对官吏一拱手，说："既然大良造发令，我就来搬，50两黄金不敢奢望，赏几个小钱还是可能的。"

中年汉子扛起木竿直向北门走去，围观的人群又跟着他来到北门。中年汉子放下木竿后被官吏带到商鞅面前。

商鞅笑着对中年汉子说："你是条好汉！"商鞅拿出50两黄金，在手上掂了掂，说："拿去！"

消息迅速从咸阳传向四面八方，国人纷纷传颂商鞅言出必行的美名。商鞅见时机成熟，立即推出新法。第二次变法就这样取得了成功。

另一个事例：

魏晋时有个叫卓恕的人，为人笃信，言不宿诺。他曾从建业回上虞老家，临行与太傅诸葛恪有约，某日再来拜会。到了那天，诸葛恪设宴专等。赴宴的人都认为从会稽到建业相距千里，路途之中很难说不会遇到风波之险，怎能如期。可是，"须臾恕至，一座皆惊"。

由此看来，诚是一个人的根本，待人以诚，就是以信义为要。精诚所至，金石为开，诚能化万物，也就是所谓的"诚则灵"，正是说明了诚的重要性。相反，心不诚则不灵，行则不通，事则不成。一个心灵丑恶、为人虚伪的人根本无法取得人们对他的信任。所以，荀子说："天地为大矣，不诚则不能化万物；圣人为智矣，不诚则不能化万民；父子为亲矣，不诚则疏；君上为尊矣，不诚则卑。"明人朱舜水说得更直接："修身处世，一诚之外更无余事。故曰：'君子诚之为贵。'自天子至于庶人，未有舍诚而能行事者也；今人奈何欺世盗名矜得计哉？"所以，诚是人之所守，事之所本。只有做到内心诚而无欺的人才是自信、信人并能取信于人的人。

一个人立身处世，信用很重要，这是人的名誉之根本。但信用绝非一朝一夕便可树立。

我们常说的"君子一言，驷马难追"，讲的就是人的信用。一个没有信用的人，是为人所不齿的。现在的生意场上，公司、企业做广告做宣传，树立公司、企业在公众中的形象，就是想提高公司、企业的信用度。信用度高了，人们才会相信你，和你来往，成交生意。不过，公司、企业的信用度得靠产品上乘的质量、优良的服务态度来实现，而非几句响亮的广告词、几次"优惠大酬宾"便可做到。人的信用也是如此。

获得众人的信任，铸就自己的信誉，不论你采取何种方法，笃诚、守信及勤劳是最根本的要诀。

人以信为本，别自己砸了自己的金字招牌 ◀◀◀

孔夫子说"人无诚信，便如车无横木，那怎么能行走呢？"

信誉是人生的一块招牌，它与名字一样，会是你一生的标签。真正的聪明人都不会拿自己的信誉开玩笑，因为做一次失信之人，很可能要背负一世失信之名。

不守信抑或可以令你得一时之利，但这一时过后呢？是否还会有人相信你？你又该如何面对那些被你欺骗的人？聪明人看人，不仅会看对方在一件事上的表现，更要看他一贯的信誉状况。人的信誉形象需要用一贯的坚持来支撑，但破坏这个形象无非就在一朝一夕。一次信用危机，足以使我们辛苦经营一辈子的信誉形象消失于无形。而无信之人，又怎么可能得到别人的尊重？

有道是："莫轻小恶，以为无殃，水滴虽微，渐盈大器，凡罪充满，从小积成。"不要以为偶尔的一次无信是小事，恶就是恶，没有大小之分，无信就是无信，今日失小信，难保明日不会失大信！世人评价人时就是这样严苛，他们不会因为你做过好事就认为你一辈子都是好人，但绝对会因为你做过恶事而让你的身上永远带有污点。

曾听过这样一个故事，为之感到惋惜，但更多的则是不齿，可是这种爱占小便宜的人还真不少见，那究竟是聪明还是愚蠢呢？

有这样一位小伙子，天资聪慧，才华横溢，经过不懈的努力，最终争取到前往法国留学的名额。他的家庭并不富裕，在法国需要半工半读才能继续学业。到法国不久他发现，这里的车站根本不设检票口，也没有检票员。这时，他灵机一闪："法国的车票这么贵，自己又穷，而且这里根本不设检票员，要不然……"开始他还挣扎，随后便一点点动摇，于是，他第一次开始逃票上车，没有被人识破。有了第一次，便有了之后的再二、再三、再四……纵然偶尔被抓住接受处罚，但他也不过愧疚那么片刻，随后便继续他的侥幸心理。

四年的留学生涯结束了，优异的专业成绩以及国际知名学府的金字招牌，令他充满自信。他一次又一次地踏入跨国公司的大门，毫无疑问，平心而论，他的表现很出色，但结果总是不尽如人意。这让他深感意外——那些人事主管原本对他赞许有加，但数日之后却一一将他拒之门外，这是为什么？于是，为求解疑，他发了一封邮件给其中一家公司的人事经理，当晚便有了回信：××先生，我们很欣赏您的才华，但在调阅您的信用卡以后，发现您有两次逃票受罚记录，而敝公司对于诚信一向是十分看重的，所以不敢冒昧录用您，还请谅解。

诚信是一个很严肃的问题，容不得一丝一毫的疏忽，上文中的才子给了我们前车之鉴：破坏信誉，纵然只是看似不起眼的小事，也足以改变一个人的一生，令人陷入不被认可的尴尬境地。诚信就是一个人道德的标签，道德能够弥补智慧的缺陷，而智慧却无法弥补道德的缺失。诚信无小事，即便眼前的诱惑再大，也不要拿诚信开玩笑，因为一念之差，便有可能令你万劫不复。

诚信，作为一种传统美德，支撑着人的道德底线，亦是人际交往及社会事务顺利进行的基本保证。如今，许多人似乎已经忘记了老祖宗的谆谆教诲，尔虞我诈，欺瞒成风，人与人之间已经没有了基本的信任与依托，社会信任感严重缺失，不但影响了个人发展，也令整个社会的和谐氛围受到严重破坏。于是，人们呼唤诚信的声音愈发强烈。

清末"红顶商人"胡雪岩常说："做人无非是讲个信义。"其实在我们心里，商人多是偷奸耍滑的，因为"奸商，奸商，无奸不商"，甚至很多商人自己也赞同这种说法，认为一味老实地做事，根本无利可寻。但事实真的是这样吗？绝不！其实经商一事，信誉更为重要，唯有以诚为本，才能赢得顾客的信赖，从而为企业树立起金字招牌，以求更长远的发展。"戒欺"——这是每一个成功商人所遵循的经商原则。

做人与经商殊途同归，都是要讲一个"信"，唯有守信才能做大事。那胡雪岩虽然极富心机，生活又奢侈糜烂，但绝对称得上是一个守信重义的成功商人，这也是他能较一般商人更为成功的关键所在。

俗话说："敦厚之人，始可托大事。"做人倘若不讲信用，在人际交往中两面三刀、唯利是图，会不会有人与你交心？若连一个知心的朋友都没有，你会不会感到自己很可怜？

所以说，你可以放弃其他，但一定要保留诚信的品质，只有这样，你才能打开人生的局面。

第十章

坚持淡定，不做愤怒的小鸟

　　生活不会一帆风顺，人生亦不可能随心所欲，人的情绪出现波动也实属正常。但切记：要控制！莫做烈火金刚，动不动便大发雷霆、火冒三丈。这样非但不利于解决问题，反而会伤害人与人之间的感情，将关系弄僵，使原本就不如意的事情雪上加霜。

冲动是魔鬼，谁碰谁后悔 ◀◀◀

他强任他强，清风拂山岗；他横任他横，明月照大江！人能三思方无悔，逢人遇事，我们多一些忍耐，少一些冲动，往往便可化灾祸于无形。其实，有时示弱即是强，而示弱才能无忧。

冲动是魔鬼，谁碰谁后悔！是的，冲动就是驾驭我们情绪的魔鬼，人受冲动控制，有时甚至会做出一些连自己都后怕的事情。很多人受冲动的怂恿，甚至不惜踏破道德底线，触犯法律纲常，令自己的人生笼罩上重重阴影，给他人造成难以弥补的伤害，给自己留下无尽的悔恨。

冲动这种不良情绪见缝插针，在我们的生活中遍布足迹。

名利场上有冲动。声名在外，财源滚滚，是很多人毕生追求的梦想。这原本无错，只是有些人忘记了"君子爱财，取之有道"的古训，被名利迷了双眼，于是利欲熏心，不惜铤而走险，冲动之下做出违法乱纪的勾当，终落得个身陷囹圄，追悔莫及。

权力场上有冲动。为官者谁都想步步高升，但加官晋爵要凭真本事，要有"全心全意为人民服务"的志向。只可惜有些人被权力欲望冲昏了头脑，尔虞我诈，勾心斗角，金钱美色，投人所好，极尽龌龊之事，只为飞黄腾达。到头来，一枕黄粱，锒铛入狱，悔不当初，为时已晚。

家庭生活有冲动。同在一个屋檐下，围绕柴米油盐酱醋茶，难免磕磕碰碰，产生摩擦。这本来称不上什么矛盾，可是偏偏有些人爱较真，于是针锋相对，甚至大打出手、对簿公堂。殊不知，血浓于水，这世间最割不断的就是血肉之亲，对骨肉尚且如此，又何况他人？

情爱之中有冲动。谁都希望爱圆满，可爱随缘，缘如风，往往捉摸不定。很多时候，并不是说付出了就一定能够得到爱情。然而痴男怨女为情所惑，由爱生恨，冲动之下或是自残身体，或是致对方毁容，或是自杀殉情，或是怒杀情敌，造成了一幕幕爱情悲剧，令人叹息。

朋友相处有冲动。泥人还有三分土性，谁能没脾气？因一点小事而交恶，互相指责，怨怒横生，乃至刀兵相见、恩断义绝者大有人在。可是想想，这又何苦何必？毕竟，相识就是缘，佛说"前生的五百次回眸才换得今生一次擦肩而过"，这足可以将脖子扭断的凤缘，怎能就这样轻易毁掉？

有道是："怒上心，一忍最高；事临头，三思为妙！"做人，应该有一点忍性，忍一时便可风平浪静，人不忍，则往往追悔莫及。

多年前，曾亲眼见过这样一件惨事。

邻居陈某与妻子感情一向不错。只是，陈某有些嗜酒，而偏偏妻子对这点非常反感，经常在他喝酒时絮絮叨叨、没完没了。

那天，陈某做好饭菜，一边叫妻子开饭，一边顺手打开一瓶"玉泉方瓶"。妻子见状自然气不打一处来，索性不吃饭，站在陈某身旁唠叨起来。

陈某半斤酒下肚，情绪有点不受控制，越听火越大。突然间，他顺手操起桌上的一只大花碗向妻子砸去，不偏不倚，正好打在了妻子的眼眶上。

这充满怒气的一下砸得妻子眼冒金星，蹲在地上良久才站起身来，眼部已然红肿一片。受了委屈，妻子首先想到的是娘家人，她一边哭着一边打电话向父母诉苦。没过多久，陈某的岳父、岳母、大舅哥同时来到他家。老人家心疼女儿，便开始数落起女婿的不是，说他不该打老婆，说他不该下手这么狠……双方你一言我一语，越吵越乱。

在怒火的刺激下，陈某的酒劲儿迅速发作，他血气上涌，奔进厨房摸出一把菜刀，对着妻子怒吼："你不是叫娘家人来找我算账吗？我现在就当着他们的面砍你，看他们能怎么着！"

见到此情此景，娘家人迅速跑到厨房，合力将陈某按住，大舅子一把夺下菜刀，扔出门外。然而，此时的陈某已经被酒精和怒火烧昏了头，他奋力挣脱，又从菜墩上摸起一把水果刀。大舅子见状上来夺刀，撕扯之中，陈某用力朝大舅子的腹部刺了一刀，对方惨叫一声跌倒在地。看到满手的鲜血，陈某终于从发狂的状态中清醒过来，他扔掉水果刀，抱着头跌坐在地上……

经法医鉴定，陈某的大舅子系重伤，陈某此时肠子都悔青了："我就是一时冲动，就是想吓唬他们一下，真的没想会伤到他。"

然而，法不容情，陈某因故意伤人罪服刑三年，一个原本还算幸福的家庭就这样散了。

冲动是一种极具破坏性的情绪，人一旦冲动起来，真的和魔鬼没什么两样，往往是事后魔鬼离开时才感到追悔莫及，一再强调自己的无意，可是，这世上真的没人卖后悔药。冲动的后果我们不是不知，既然早知如此，又何必当初呢？其实，我们完全有能力驾驭自己的情绪，抑制冲动于萌芽状态，化灾祸于无形。

当冲动欲起时，我们首先应尽量甚至是强迫自己冷静下来，好好想想事情的前因后果，想想究竟孰对孰错，倘若自己也有错，那还有什么理由大发脾气？倘若错不在己，那就去想想发怒的后果，去衡量一下这样做值不值得。甚至，你完全可以用沉默来表示反驳，让对方的拳头打在棉花上，于人于己都无所伤害，既显示出你的风度，又衬托出对方的无礼，这岂不是一种很好的抗议？

总之，控制冲动的关键就在于保持自己的理智，这或许有一定难度，但你不得不这样做，因为人一旦丧失了理智就与动物、与魔鬼毫无区别。所谓理智，即是理性与智慧的结合。一个理智的人，能分清是非善恶，说话办事知深浅、晓进退、懂轻重、明缓急，是故，从不惧怕冲动魔鬼的侵袭。理智不仅仅是一种智慧，更是一种胸怀，心胸狭隘又毫无理智的人，怎能成就大事？贤者曰："所取者远，则必有所待；所就者大，则必有所忍。"古往今来，大抵如是。

其实人活于世，俗事本多，我们何苦再给自己增添无谓的烦恼？遇不忿之事，倘若能平心静气，以静制动，三思而后行，真的会令我们的人生明朗许多。相反，倘若你放任冲动，不抑制怒火，则多半会走火入魔，人生从此在后悔中度过。

别人动气我不气，用淡定之心压住台面 ◀◀◀

人生短短数十载，哪有时间发脾气？幸福来得不容易，一旦动怒便逝去。人生若逢不快事，一定克制好自己，让其化作烟一缕，轻飘去、不留痕迹。

有这样一段文字，叫作《莫生气》，我们一起来欣赏一下：

人生就像一场戏，因为有缘才相聚；

相扶到老不容易，是否更该去珍惜。

为了小事发脾气，回头想想又何必？

别人生气我不气，气出病来无人替。

我若气死谁如意？况且伤神又费力！

邻居亲朋不要比，儿孙琐事由他去；

吃苦享乐在一起，神仙羡慕好伴侣。

想想也是这样，生气难道不是和自己过不去吗？遇事，你再抓狂又能怎样？抓狂就能解决问题吗？非但不能，还伤身体，真的是得不偿失。

毫无疑问，生气是一种很傻的行为。你看，你一发起脾气来，身边关心你的人、在乎你的人，谁的心里会舒服？那么，是他们惹你生气的吗？不是。可是你又为何让他们与你一起受折磨呢？

你再看看，这世界上哪一个家庭、哪一个单位、哪一个社会，是用生气来解决并且能够解决问题的？我相信你找不出来。相反，这种做法只会将事情弄糟，使问题朝着更坏的方向发展。这是你想要的结果吗？

再想想，生气能让我们的生活变得更好吗？能让我们出人头地吗？能让别人都敬佩我们吗？显然不能。那么，为何还要生气呢？解决不了问题，伤害自己的身体，影响人际关系……有百害而无一益，为何不能克制自己？

俗话说："笑一笑十年少，愁一愁白了头，怒一怒少了数。""怒一怒少了数"是什么意思？就是说人常生气，很容易减寿，这绝不是危言耸听。《三国演义》中的周瑜临死前的那句"既生瑜，何生亮"，更是将其狭隘的内心反映得淋漓尽致。周瑜一表人才，那时的人喜欢称相貌不凡的人为"郎"，周郎，周郎，足见其长得有多帅，而且身居政府要职，估计相当于现在的三军总司令，又有娇妻在抱，连曹操都对他艳羡不已，这样的人按理说应该活得逍遥自在吧？可他偏偏就是个小心眼，只因诸葛亮才能胜过自己，便寝食难安，耿耿于怀，结果三气之下，一命呜呼，辜负了孙郎的临终托付，辜负了江东百姓，可悲、可叹！

事实上，谁都知道生气的坏处，但能够抑怒的人确实只是少数。说到底还是因为人过于看重自己，忍受不了别人对于自己的冒犯，这是一种心病，那么莫不如就用心药医。

当有人冒犯我们的时候，我们可以提醒自己：是他犯了错误，而现在怒火中烧的是我，我被怒火焚烧着、伤害着，而他只会更加得意，用别人的错误来惩罚自己，令仇者快、亲者痛，应该吗？

你可以问问自己：我这样生气于事何补？倘若非要用愤怒表达自己的不满，让他知道我不是好欺负的，"佯怒"不就可以了吗？更何况气大伤身，我们是不是不该犯这样的错误？

人，应该心胸开阔一点，与人出现分歧时，压住火，别争别吵别生气，别非要论个是非曲直。这种做法并不明智，既伤身体又伤和气还伤感情，到头来事情无法解决，弄不好还会身陷囹圄。莫不如淡定一点，压住台面，将大事化小，小事化了。

听听"六尺巷"的故事。

在安徽桐城的西南一隅，有一条宽两米，长约180米的巷子，被当地人称作"六尺巷"。

据说，清朝名臣张英就住在这里，张英曾担任过礼部侍郎、兵部侍郎、工部尚书、翰林院掌院学士、文华殿大学士、礼部尚书等职，位高权重，桐城人亲切地称他为"老宰相"。他的儿子张廷玉想必大家也不陌生，被桐城人称为"小宰相"，父子二人合称"父子双宰相"。

当年，张英家与一户吴姓人家住邻居，两家人因一块空地闹了点矛盾，吴家向外扩墙占了这块地，张家人当然不想忍气，马上送信给张英，希望他能出面解决。张英看罢信后，挥手写了一首诗，寄给家人，诗曰："千里家书只为墙，让他三尺又何妨。万里长城今犹在，不见当年秦始皇。"张家人看到回信，知张英之意，遂向内撤让三尺，吴家人看到这种情景，也感到十分惭愧，于是也向内退让三尺，这样，张吴两家之间就形成了一条六尺宽的巷道，也就是我们提到的"六尺巷"。

相信，若是换作一般自制力稍差之人，最起码也要破马张飞地唇枪舌剑一场，两家因此交恶，事情也不知道何时才能解决。但你看张英，只是轻启朱毫，简简单单的几句诗，就轻而易举地化解了原本剑拔弩张的邻里矛盾，真可谓是"四两拨千斤"。

我们不得不羡慕张英的聪明，他这样做不仅能得到与人为善、谦和让人的好名声，而且所谓"高处不胜寒"，他身居官场，如履薄冰，一个不注意就有可能遭人陷害，顷刻之间家破人亡。这样看，张英完全是从大局考虑，忍一时风平浪静，以免将事情闹大，埋下祸患，影响自己的前途。

其实，我们的生活已经很幸福了，又有什么理由为那些小事生气，破坏生活中的愉悦呢？因为鸡毛蒜皮的小事而生气，往往会使我们忽略了身边的幸福，陷入一种不可自制的癫狂状态，这样的生活无疑是痛苦的。生活就是这样，你气也是一天，高高兴兴也是一天，就看你如何去选择。倘若你想过得舒心一点，那么气就少生一点。

仔细想想，有什么是我们应该为之生气的呢？

为一句话吗？是什么样的话能让我们生气？好话，那是鼓励我们、赞美我们的，我们应该喜悦，应该感谢，这总不会让我们生气吧？坏话，有的时候或许是为我们好呢，殊不知——"忠言逆耳利于行"，这样的话，即便不好听，我们是不是也该学着感激？如果它是恶意的，那我们就更不能生气了，或许对方正幸灾乐祸地等着看我们愤怒、出丑的样子，我们岂能让他得逞？

为一件事吗？好事？好事我们当然不生气，谁生气谁是傻子。坏事？生气有用吗？遇到坏事本就挺不幸的，难不成我们还要往自己的伤口上撒盐？

所以，不管遇到什么，请记住：莫生气！想想你的健康，想想关心你的人，想想你的前程，想成功你就莫生气！

怒火烧坏了心情，也断送了前景 ◀◀◀

愤怒，就精神的配置序列而论，属于野兽一般的激情。它能经常反复，是一种残忍而百折不挠的力量，从而成为凶杀的根源、不幸的盟友、伤害和耻辱的帮凶。

看一个人的修养如何，从脾气上就可以窥出端倪。一个易躁易怒的人，难道你还指望他温文尔雅，充满绅士风度吗？这样的人多半不会有什么大成就。

人到了一定年龄，应该让自己成熟一些，不要以为有脾气就是强悍，这是多么幼稚的想法！不要以为有本事就可以乱发脾气，这不过是一种荒谬的托词。遇事不要紧锁眉头，动不动就大发雷霆，这只会让身边的人看不起你，乃至对你敬而远之。人生有许多的关键时期，倘若在这种时刻，你压制不住自己的怒火，控制不住自己的脾气，去争执、去赌气，那么它很可能会给你带来毁灭性的打击。

曾遇到过这样一件事，真的很替那位女士感到惋惜。

一天上班时间，一位姿容出众、气质极好的青年女子来找同事。恰好同事不在，她便留下自己的姓名，请大家代为转告。同事回来以后，有人献殷勤地将情况告知了她，末了还来了句"她不去当演员真是可惜了啊！"同事笑了笑，说道："你怎么知道她没有去当演员呢？其实，我这位朋友不仅当过演员，还曾经与一个非常重要的角色擦肩而过呢！"说着，她说出了那个角色，满屋的同事不约而同地惊呼出声——"那可是能令一个原本默默无闻的女演员一夜爆红的角色啊！""那么，她为什么没有抓住机会呢？"——大家忍不住问。

同事告诉我们：当时导演挑女主角，极尽苛刻之事后，就只剩下两位候选人——她与日后走红的那位。其实无论是外形还是气质，她都略胜一筹，导演也倾向于她。可恨的是，一家八卦周刊突然爆出她被导演潜规则的传闻，孤高自傲的她不堪忍受，一赌气退出竞争，旋即又退出了演艺圈。

同事说，这几年来，她一直做着一名普普通通的白领，生活虽过得去，但并不如意，因为现在的职业根本无法发挥所长，她并不喜欢。要说后悔，她肯定是有的，但后悔也无济于事，毕竟机会不等人。

其实，生活中因赌气而丢失大好机遇的人不在少数，现在回头想想，值得吗？

儿时曾听过一个故事，说是有一个人提着网去捕鱼，谁知道突然天降大雨，这个人一赌气就将网七扯八扯地撕破了。这还不解气，他又一头栽进水塘中，这一下去就再也没有爬上来。当时，觉得这只是个哄人的故事，世界上哪有这么傻的人呢？但现在想想，其实它还是蛮有深意的，这是在提醒我们不要因气而自毁。其实，下雨不能打鱼，等天晴就是了，何必动这么大肝火，非要与老天赌气呢？到头来吃亏的还不是自己？我们遇事可别学这个傻子，不要让雨水浇进灵魂里，别让一口气憋在胸口久不散去，从而输掉青春、输掉可能铸就的辉煌以及触手可及的幸福。

其实，根本无须作过多的解释，过多的证明，任谁都知道克制自己的坏脾气是多么的重要。赌气，这是一种多么不成熟的行为，伤身不说又伤心，而那些因赌气而自毁长城的人，则只能用"愚蠢"来形容。这怒火不但烧坏了心情，也断送了前程，令你瞬间由天堂跌入地狱。

我们的生活不可能毫无波澜，心情出现波动也实属正常之事。但你一定要将它控制在一个限度内，不要动不动就赌气、动不动就发火，这能解决问题吗？不但无法解决问题，反而会伤了感情、弄僵关系，令原本就窝心的事情更加雪上加霜。

我们应该做情绪的主人，而不是它的奴隶。一个真正成熟的人应该懂得把握自己的情绪开关，不要总是期待别人给予你快乐，你应该用好心情去感染身边的人，为事业奠定人脉基础。

想想我们"有气"时的样子吧！当你冷若冰霜地对待身边人时，当你极不耐烦地挂断父母电话时，当你对着爱人、孩子大嚷大叫时，当你任性赌气时，你得到了什么？又有多少人会因此远离你？又有多少机会因此而被错过？你应该清楚，人人都有脾气，没有人有义务做你的出气筒，也没有人可以一直担待你，当他们决定不再忍你时，你的好日子也就到头了。

事实上，那些坏脾气总是将我们的生活弄得一团糟，它不仅会破坏心情，亦有可能破坏家庭氛围，生疏朋友关系，甚至会影响我们一生的幸福。作为一个成年人，我们真的不能再像小孩子一样任性而为、随意撒泼，我们应该认识到这种坏情绪的确会给人生造成极其恶劣的影响。所以，就从这一刻起，收敛起你的坏脾气，不要因为一时被怒火冲昏了头，而造成一辈子的遗憾。

没人能在怒火中永生 ◀◀◀

一根火柴棒的价值不足一毛钱，一栋别墅却价值数百万元，但是，一根火柴棒足以烧毁一栋别墅。不要轻视愤怒的潜在破坏力，愤怒一旦发作起来，真可谓无坚不摧，所过之处一片狼藉。

《黄帝内经》中早有记载——"怒伤肝"。肝对于人体的重要性想必无须多说吧，伤肝俨然是对人体的大伤特伤。美国学者做过这样一个实验，更为科学地证明了"气"对于人体的害处。

学者们将人体呼出的气体导入一种液体中，结果发现，人在情绪稳定时，液体不会发生明显变化；情绪低落时，液体中会产生白色沉淀；当生气时，液体就会变得浑浊不清。而且他们还证实，一个人倘若持续生气五分钟，所消耗的体能将相当于狂奔2000米。结合医学工作者罗列出的危害——生气会加速脑细胞衰老；诱发胃溃疡；造成人体心肌缺氧，诱发心脏病；伤肝，诱发肝脏疾病；引发甲亢；损伤肺气；损伤免疫系统，降低人体抵抗力……最后学者们得出结论——人在很大程度上并不是因为老化而死，而恰恰是被自己气死的！

愤怒是丑陋的，是一种极具破坏性的情绪，潜藏在人的心中蓄势待发，并伺机操纵人的生活。愤怒会蒙蔽人的心灵，令人做出匪夷所思的事情。倘若无法抑制，那么它势必会伤害身心。

人在生气时，大脑基本处于真空状态，智商基本为零，根本不能理性地去分析问题。在怒火的灼烧之下，有时根本不知道自己在做些什么，更不会停下来想一想生气究竟能让自己得到些什么。

英国有一位律师，性情非常急躁，生气简直就是家常便饭。

那一年，这位律师中了大奖，奖金高达300万英镑。律师是个急性子，希望提前领取这份奖金，好去法国旅游，但彩票公司并不肯为他破例。于是，律师一气之下和彩票公司打起了官司。结果，律师败诉，还要承担诉讼费用。

律师越想越气，最后竟决定用所得到的300万英镑在彩票公司对面盖一幢楼，要求是不要太高，能遮住照进彩票公司的阳光就好，让彩票公司的那些人永远工作在阴暗潮湿的环境中。可是，楼刚盖了一半，欧洲金融危机爆发，承建的建筑公司宣布破产，律师的钱打了水漂。

律师更是愤怒不已，一气之下，瘫倒在床，从此就再也没有起来。

美国心理咨询专家理查德·卡尔森曾说过："我们的恼怒有80%是自己造成的。"生气对我们而言基本没有好处，可是很多人仍和那位律师一样，总是拿愤怒来惩罚自己。

其实仔细想想，我们生气时究竟是在跟谁怄气呢？还不是在气我们自己。把我们自己怄成疯子、癫子，怄成一个充满愤恨和痛苦而无法看清任何真相的人。这种怒火愈燃愈烈，再加上欲望的作祟，我们甚至会不顾自己的尊严、声誉、事业、朋友，甚至是爱人、亲人，彻底迷失自我，成为一头充满攻击性的野兽。

很多人更是因此陷入了恶性循环的怪圈，越是愤怒越无法排解，越是无法排解又越发愤怒，促使身边的人渐渐远离，而怒火最终演变成了无以复加的痛苦，深陷其中，苦不堪言。

倘若我们不能改掉自己一触即怒的坏毛病，就如同背着大山去远征，非但无法到达目的地，反而会将我们彻底压垮。所以，我们有必要在怒火点燃之前，尽量地控制一下自己，或许就可以帮助自己摆脱情绪的驾驭。

这里有两种舒缓情绪的简单方法，大家不妨试一下，相信效果会不错的：

第一种，呼吸放松法。倘若有人或事令你不快，甚至想要发火。那么暂缓一下，微微提起自己的双肩，深吸气，然后吐出，如此反复几次，相信你的情绪就能得到缓解。

第二种，声东击西法。说白了就是转移自己的注意力。当我们的怒火在燃烧时，控制一下，去做一些自己喜欢的事情，比如看一本杂志或小说，欣赏一部影片或者去听音乐，想一想那些令你愉快的事情……渐渐地，你就可以摆脱愤怒的纠缠。

著名作家萧伯纳曾经说过："以愤怒开始的事情，往往以悔恨告终！"那么，为了避免做出令自己悔恨的事情，我们在怒火中烧时，请设法使自己冷静下来，分析导致我们愤怒的原因，然后对应地去开解自己，采取一些积极措施将情绪控制在合理的范围内，避免自己深陷痛苦之中，切不要让愤怒伤了自己。

有些时候、有些情况下，控制怒火确实会令我们很难过，甚至可以说是一种折磨，反而是一泻千里、一吐为快会让我们舒服很多。但你要想想这样做的后果！其实，熄灭怒火远比尽情喷发更为智慧。怒火只会焚烧自己，令我们陷入万劫不复的深渊。但倘若你能设法平心静气，然后慢慢将怒火通过其他渠道排解，回过头来，也许你就会发现，一触即发怒是多么的糊涂与不值。

第十一章

坚持留余地，言多必失

不能管住自己舌头的人，不仅容易伤人，而且容易招灾。谨言慎语不是要我们不说话，而是希望我们懂得什么时候该说，什么时候不该说。有道是"病从口入，祸从口出"。切记：无论对人还是对己，请多口下留情。

言多必失，别在嘴上出大事 ◀◀◀

一些人从不把说话当回事，以为无非是嘴巴一张一合，仅此而已。因此兴奋起来滔滔不绝、口若悬河，该说的不该说的倾巢而出，得罪了人尚不自知，或许，这才是"真糊涂"。

中国的语言非常复杂，一样的意思，在不同的背景下，以不同的语气说出来，其效果就会大相径庭。有时，本是好意，但经不会说话的人嘴里说出来，就会显得分外刺耳；有时不过是敷衍搪塞，甚至是指责批评之语，但经会说话的人嘴里说出来，就会让人觉得浑身舒服。这就是说话的艺术。

倘若你不谙说话之道，那么给你一个最好的建议——尽量少说，因为，言多必失！

其实老一辈人早就告诉过我们："少说多听常点头，逢人只说三分话，不可全抛一片心。"这是老人在经历无数沟沟坎坎、看遍人情冷暖之后所总结出来的生活心得，很值得我们用心去揣摩、领会。

因为听的时候，你的大脑在思考，如果你是个有心人，就会反复揣摩对方话语中的意思，知道对方到底要表达什么，由此判断出对方所言之事对你到底有没有害，并作出相应的正确回应。此外，多听还可以让我们汲取很多信息，譬如别人的人生经验、别人的处世方法、别人对人生的见解或是建议、周边环境的变化、市场上有可能出现的机遇等等，你越是显得全神贯注在听，别人就越乐意多说，而你也就知道得更多，这对自己显然是很有好处的。而且，你"引诱"他说，这是对对方的一个了解，而你不说，则是对对方的一种防范，倘若你们真的成为对手，你岂不是"知己知彼"？少说的好处就在于，你可以有效地避免自己的弱点或是秘密曝于人前，同时也可以最大限度地减轻自己说错话的概率。倘若对方当着你的面说别人坏话，那你也只是个旁听者，即便被当事人知道，你也可以择得一干二净，这不是很好吗？

"常点头"并不是说要我们做个人云亦云、随声附和的应声虫，而是在告诫我们不要特立独行，让别人觉得你不合群。简单一点说就是在别人说话时你常点头，其一能够体现出你是在认真听，其二能够避免得罪人。即使非反驳不可，那么也不妨先点头，肯定对方话语中的某些观点，然后再阐述自己的意见。而对于那些无关痛痒的小事，干脆就别去反驳，就当是给人家一点面子，多配合人家，如此一来，你的人缘怎会不好？

而这"逢人只说三分话，不可全抛一片心"，则是对复杂人性的一种深刻认知。须知，交人有风险，说话需谨慎。我们行走在五光十色的尘世，说话、做事一定要给自己留有余地。虽说害人之心不可有，但防人之心亦不可无，如果你非要做个"老实人"，将自己"赤裸裸"地摆在别人面前，那岂不是任人宰割？

生活中，类似于下面这样的事情就并不少见。

陈诚是某保险公司的销售代表，因为勤奋肯干，头脑灵活，低得下头、弯得下腰，因而取得了不错的成绩，是公认的重点提拔对象。可是，他却因为信口开河而为自己的人生留下了浓重的败笔。

陈诚和顾自一同进入公司，一路走来彼此照顾，陈诚视顾自为哥们、兄弟，两人常在一起喝酒聊天谈理想。那天，两人又凑在一起，酒过三巡，话开始多了起来，陈诚向顾自透露了一件他从未对人提起的秘密。

"我初中毕业以后，找不到满意的工作，整天在社会上打转。有一次喝了不少酒，竟稀里糊涂地和几个哥们撬开了一家商店。后来，一个朋友再次行窃时落了网，我们几个一个没跑掉。刑满释放以后，我到处找工作，可是谁肯要我呢？后来，经朋友介绍，我来到了上海，这里没人知道我的底细，我因此才能找到现在这份工作。所以，我下定决心要好好干，不仅要给自己争脸，也要报答公司的知遇之恩！"

陈诚来到公司两年，公司根据他的表现，将其与顾自定为业务经理候选人，而且总经理显然更倾向于他，曾为此亲自找他谈过话。谁知几天以后，总经理突然宣布顾自为业务经理，陈诚调出业务部，另行安排工作。事后，陈诚从人事部了解到，是顾自给自己下的绊子，他将自己那段不堪回首的往事透露给了总经理。显而易见，对于一个有前科的人，任何一个公司都不敢轻易重用，这是一个抹不去的污点。得知真相以后，陈诚又气又恨又悔，气顾自不讲义气，恨自己有眼无珠，悔自己口无遮拦，可是，再怎么悔恨交加又有何用？无奈，陈诚只得接受公司的安排，前往一个"鸡肋"部门就职。

这就是人性，尽管你不愿意接受，可它就是如此。其实很多事情，天知地知你知就好，完全没有必要让第三者知道，毕竟人心隔肚皮，天晓得什么时候它就会成为攻击你的利器。

社会是个残酷的竞技场，每个人都有可能成为你的对手，纵然是曾经山盟海誓的兄弟、伴侣，亦有可能出现反目成仇的一天。所以，行走在人生这条路上，我们一定要时时谨慎、事事小心，以免一枪被人戳个透心凉。

正所谓"言多必失，做多必错"，你说得太多，总会有那么几句给自己招来麻烦，甚至得罪人或是被人出卖以后，你尚且浑浑噩噩、毫不自知，而等到别人发动攻击后，就不可避免地要陷入被动，这不是自找苦吃吗？反观那些寡言少语、安安分分的人，则绝大多数时候是安全的。

所以，在说话、做事前，我们一定要想清楚，这句话、这件事会牵涉到谁、会伤害到谁的利益？会不会伤害到自己？如此，你才能最大限度地避免与人为敌。请记住，谁把说话当小事，谁就要在嘴上出大事。

可别让话语伤人又伤己 ◀◀◀

人的嘴巴有两种功能：一是吃饭，二是说话。人的话也分两种：一类该说，一类不该说。聪明人会慎言慎行，谨防祸从口出！

咱们先来听个笑话：

某知名画师酷爱画犬，一次，他听说某军阀家中养了一只藏獒，所以非常希望一睹为快。说也凑巧，正好这位军阀也邀请他前去家中做客。画师满心激动，一见到军阀就兴奋地说道："鄙人早想来大帅府中拜望了！"军阀以为画师仰慕自己，顿露喜悦之情。谁知画家余兴未尽，顺嘴又来了一句，"我是特意来看你这只狗的！"话一出口，画师顿感失言，心说不妙，慌忙告辞，过了很久尚心有余悸，摸着脖子说："幸亏大帅当日心情好，不然我的项上人头恐怕难保了！"

一言可以招灾，这绝不是危言耸听，上面这个笑话也绝不是特例，古往今来因"出言不逊"而大祸临头之人不在少数。单看三国：田丰如是、祢衡如是、杨修亦如是！难怪古人早有警训："祸从口出！"一个人说话，倘若没有考虑清楚就顺嘴瞎说，是很容易得罪人的。这样的人，你给他机会，他也很难成就大事。

俗语说："会说话的使人笑，不会说话的使人跳。"话说得好则人人高兴，皆大欢喜；说不好则怒目相向，不欢而散。前者一张嘴走遍天下，见人说人话、见鬼说鬼话，该溜须时就溜须、该拍马时就拍马，太宗在世就做魏徵、武曌当朝就话女权，自然是如鱼得水、左右逢源，活得不亦乐乎；后者说话从不思量，舌头能犁地、满嘴跑火车，当着始皇谈身世、当着朱元璋话和尚，往往令闻者大感不快，伤了别人又伤自己，惹下大祸尚不自知。

大家都知道，字乃文章之衣冠，而一个人的言语则是其品学修养的衣冠。很多人相貌堂堂、衣着光鲜，看上去一表人才，但不说话还好，一开口就臭不可当，令别人刚生出的一点好感瞬间消失于无形。可惜的是，这类人或许并非没有才能，也可能不是什么坏人，只是养成了不好的讲话习惯，令闻者生厌，也令自己尴尬。亦如下面这个年轻人。

有位小伙子在自己生日那天，邀请了四位朋友到家中小聚。

已经有三个人准时赴约，唯独一人不知何故，迟迟不见踪影。

这人情急之下顺嘴说道："真是急人！该来的怎么还不来？"

其中一个朋友闻言甚为不满，说道："你的意思是我们不该来了？那我告辞了！"说完，起身而去。

这人见状急得又冒出一句："真是的，不该走的又走了！"

剩下两人中的一人也坐不住了："依你所言，该走的是我们啦！"说完，转身出门。

又气走一个人，这人急得团团转。

剩下的那一位平时与之交情不错，知他品性，于是劝道："朋友都被你气走了，你得好好管管自己这张嘴了！"

谁知他说："哎，他们全都误会我了，我说的根本不是他们。"

最后这位再也按捺不住了，应声而起："你说的不是他们，那就是在说我喽！是我不识趣，好，我走！"说完，铁青着脸扬长而去。

这就是不会说话的典型代表，本来生日之宴朋友相聚是一件高兴事，却被这人三言两语搞了个不欢而散，像这种人，我们能说他有什么坏心眼吗？其实他"坏"就坏在了那张嘴上。

古人说："君子慎言。"其实就是在告诉我们，无论对人还是对事，在想要开口时一定要仔细斟酌，有些话能少说则少说，能不说则不说。轻易说话，话不过脑，就容易失言，很可能在无意之中伤害了别人，同时也给别人留下了攻击自己的把柄。须知，"说者无心，听者有意"，你的无心之失未必人人都能体谅，若是碰到个心胸狭隘之人，你又如何收场？

此外，还应谨记，当着瘸子千万别说短话，因为人都要脸，树都要皮，你揭人之短，无异于触龙之逆鳞，纵然他实力不济，也是绝不肯善罢甘休的！所以说话一定要前思后想，想好了再说，一定要考虑自己的话会造成怎样的后果，以免一时失言造成不必要的误会与尴尬，既得罪别人又令自己难以收场。

别人说什么你要听，你说什么要动脑子 ◀◀◀

中国的语言博大精深，同样的一句话，完全可以表达出几种意思。我们用心倾听的目的就在于，作出适当的判断并采取相应的策略，听出个子午寅卯与轻重缓急。如此，方能在人际交往中运用方圆之道，做到游刃有余。

俗话说得好："会说不如会听。"是否善于倾听，是我们能否与人有效沟通并较好地处理人际关系的关键。因为只有会听，我们才能更加准确地把握对方所要传达的信息，参透对方的真实意图，才能因言制策，更好地与之交谈下去。所以说，只有会听，我们才能会说。

想必大家都有所体会，那些精于世道、老于世故的"老江湖"，往往并不直接将自己的真实意图表达出来，甚至是喜怒不形于色。你与他们交谈，以为他们说的是"这个"，到头来才发现根本不是那么回事。他们之所以这样做，并不是因为本身就喜欢故弄玄虚，而是在看尽人情冷暖、参透世事复杂、熟知生存法则之后，所采取的必要的自我保护行为。与这类人交谈，需要你聪明地听出其言外之意，否则就不能很好地与之进行沟通。

可能会有些朋友认为这样"猜哑谜"很难，其实不然，你可以这样：

先观察，亦如中医的望闻问切。通过仔细认真地观察，你一定可以从对方的话语中摸出一定规律，由此便可理出对方的思维模式及行为规律，这种模式便已接近他的真实状态。当你发现对方的言语不符合规律时，以常态来审视异常，便可从中发现些什么。

接下来就要论证你的猜想，以免判断失误。我们论证的方法可以有很多，可以开门见山，可以旁敲侧击，也可以采取迂回之策透过第三方了解。至于采取哪一种策略，要视情况而定，要看事情的性质以及你与对方的关系。不过一般而言，我们应尽量避免开门见山，因为我们无法预知对方的反应，所以还是保守一点，不要将事情弄糟。

相信通过这两个步骤的试探，我们便可以在一定程度上把握对方的真实意图，并给予合适的回应，使自己在沟通中处于有利态势。反之，则很有可能成为被动者，被别人支配着活动，由此成为人生路上的落败者。

其实，除了说话以外，对方的语调、语速等等，都有可能在表达着一个意思，只要你细心观察，就一定会有所收获。譬如一个"喂"字，当事情非常急迫，而对方情绪紧张时，这个"喂"就会非常短促；而若事情无关痛痒，只是闲聊，如打电话时，这个"喂"字就会平静舒缓。这些细节其实很需要我们注意，否则若分不清轻重缓急，本末倒置，就会引起对方的怨恨，给自己带来不利的影响。

我们来看看下面这个故事：

某公司办公室中，总经理助理薛艳丽正埋头工作。这时，总经理走了过来："小薛，帮我把这份文件整理一下，很紧急，要快一点。"

薛艳丽心中很不高兴："又紧急！哪份工作不紧急？我手头的工作都还没忙完，现在又来一堆新文件！"于是，薛艳丽继续忙着自己的手头工作，却将总经理扔来的新文件放置一旁。

过了片刻，总经理打来电话催促："小薛，好了没有呢？"

"我知道了！"薛艳丽放下电话，开始整理总经理的新文件，一边整理口中一边喋喋不休。

这时总经理又打电话过来："顺便打印一份上个月的报价表。"

于是，薛艳丽又开始慢吞吞地打印报价表。在接下来的时间里，总经理催促了几次，声音显然已经有些不耐烦了，而薛艳丽竟然也不耐烦起来："手上这么多工作，我到底先做哪样啊？"总经理听后大为恼火，没过多久薛艳丽便被炒了鱿鱼。

薛艳丽的失败就在于不会倾听别人的话，不懂得轻重缓急，总经理那边火烧眉毛，她却依然自顾自地悠然自得，这不是给自己找不自在又是什么？

听话要听音，不仅要听出话中话，还要听出轻重缓急，更重要的是你要懂得怎样应对。也就是说，当知道别人在说什么以后，你就要想想自己该说什么。

一般来说，我们在与人应对时，应注意遵循以下原则：

应取"善"而弃"恶"。即应尽可能地肯定对方，尽可能地不去当面反驳，即便非反驳不可，也要尽量采取迂回策略，这样才能给对方留下面子，避免遭到对方的记恨与报复。

要注意场合。也就是说，说话时要顾及场合，回答要符合时、境与气氛，要注意给对方留面子，别当面让别人下不来台。

此外，遇到"两难"的问题，即无论你回答"是"还是"不是"都有可能给自己带来麻烦时，就不要急于给出答案，千万要三思而后言。

我们可以反问对方，让他给出个答案，这样便可化被动为主动。也可以假装糊涂、含糊其词，以糊涂策略来摆脱"两难"的境地。

总而言之，在与别人交谈时，别人说什么你一定要仔细听，你说什么一定要动脑，如此才能掌握说话的主动权。倘若无论什么都不假思索、脱口而出，往往只会使自己陷入被动，为自己招来很多难以解决的麻烦。

别把沉默当懦弱，万言万当不如一默 ◀◀◀

留一份沉默给自己，纵然有人在背后指点你，你也大可不必恶语相向、反唇相讥，对于一个光明磊落、富有修养的人而言，再多的诽谤都是苍白无力的。

别把沉默当懦弱，它是一种特殊语言，具有其独特的使用价值。赵传在《沉默的羔羊》中唱道："当别人误解我的时候，我总是沉默，沉默对于我来说其实是一种反驳……"已故巨星张国荣的《沉默是金》，则更充斥着深谙世事的意味："夜风凛凛独回望旧事前尘，是以往的我充满愤怒，诬告与指责积压着满肚气不忿，对谣言反应甚为着紧。受了教训得了书经的指引，现已看得透不再自困，但觉有分数，不再像以往那般笨，抹泪痕轻快笑着行。冥冥中都早注定你富或贫，是错永不对真永是真，任你怎说安守我本分，始终相信沉默是金。是非有公理慎言莫冒犯别人，遇上冷风雨休太认真，自信满心里休理会讽刺与质问，笑骂由人洒脱地做人……"

在特定环境下、在特殊时期中，沉默恰恰是我们最好的选择。虽说如今社会言论自由，但真的有很多事并不允许你畅所欲言，因为你一开口便有可能得罪人，你的大实话很有可能葬送自己的前程，这怎么能不谨慎？须知，张扬的言语表现不了你的雄心壮志，反而会暴露你的浅薄无知，更严重的是可能会令你成为众矢之的。相反，适当的沉默则完全可以为我们省去这些麻烦。

不知大家是否听过这样一则寓言：

有一位猎人带着自己心爱的猎狗去打猎，他们为了追捕一只狐狸奔袭良久，眼见天色渐黑，猎人担心遇到凶猛的狼群，便急忙召唤猎狗一起回家。谁知，猎狗追得太兴奋、跑得太远，根本无法听到主人的召唤声。

在猎狗意犹未尽地跑回来时，猎人早已先行回到家中，猎狗很是着急，沿着来时路狂奔而去。就在离家不远的地方，它遇到了一群饿得双眼泛光的草原狼。猎狗知道对方是何其凶残，它更知道自己此时此刻的处境有多么危险。它知道，只要自己一开口，必然会被饥饿的死敌碎尸万段。于是它选择了默不作声，它趁着夜色悄悄混入狼群。这时的猎犬心已经跳到嗓子眼。偏偏这个时候，一只大狼发现猎犬的尾巴比大家都短，于是盯着它问道："你真的是一只狼吗？"猎狗不敢出声，只能点了点头。大狼还是不相信，于是跑到头狼那里作了汇报。头狼在不久前一次与野马群的战斗中受了重伤，尾巴被踩断一截，听了大狼的汇报，头狼以为它在含沙射影地嘲笑自己，于是带着几分赌气地说道："是的，它是在那次战斗中唯一与我并肩作战的勇士，因为尾巴也受了伤，所以比你们的短小。"机智的猎狗因为"一言不发"最终躲过一劫，在天亮狼群休息以后，寻找机会逃回了猎人身边。

有时，沉默就是一种自我保护，它真的可以为我们省去很多麻烦。在人际交往中、在某些情况下，恰到好处的沉默较之口若悬河、滔滔不绝，反而更让我们受用。人们常说的"雄辩是银，沉默是金"，其道理就在于此。事实上，只要我们看懂形势，因时因地，适当把握，沉默就是一种很不错的表达方式，它会比唇枪舌剑、直言抢白更具威力与说服力。

沉默于我们而言，有时是一种积极的忍让，它的主旨就在于息事宁人。正所谓"冤家宜解不宜结"，人与人交往，鉴于生活阅历、学识水平、社会地位、思维方式、行为习惯的差异，免不了会产生分歧。倘若因为一些小事而针锋相对、大动干戈，那么生活恐怕将永无宁日。此时此刻，我们莫不如以宽厚为本，颔首微笑、三缄其口，让对方的拳头打在棉花上，这岂不是一种很高明的处理方法？想象一下，如果"你我他"三人各执己见、互不相让，你一句我一句大打嘴仗，那将会是一种什么局面？——鸡犬不宁、一塌糊涂，多年积攒的友谊，可能因此一朝尽散，多年的苦心经营也会前功尽弃。这个时候，谁大度一点，给予彼此适度的沉默，谁就会得到对方的敬佩。如此，矛盾缓和了，事态淡化了，问题解决了，大家又能坐在一起把酒言欢，何乐而不为呢？

沉默于我们而言有时又是一种藐视。当有人狂妄至极，无理挑衅时，纵然你进行还击，可对这种人是否真的有理可讲？甚至，如此纠缠下去还会毁坏你的形象和声誉。这时，我们不妨用沉默来表示不屑与鄙夷。我们根本无需争辩，只要给他一个不屑一顾的神情，就会令其自讨没趣，这种沉默的语言显然要比唇枪舌剑更为有力、更为得体，也更能让周围的人高看你。

在受到挑衅时，要做到默然置之着实不易。这首先需要宽广的胸襟和一定的自控能力，但请记住黄庭坚的那句话——"百战百胜不如一忍，万言万当不如一默！"在纷扰复杂的人生路上，少说多听的确能够让我们保持足够的理性，沉默有时的确可以让我们受益匪浅。我们要意识到，沉默绝不代表着妥协，它只是在沉稳中积蓄力量，在自保的同时把握时机，从而给予敌人最有力的还击。

第十二章

坚持"糊涂"，聪明反被聪明误

"灵芝与草为伍，不闻其香而益香；凤凰偕鸟群飞，不见其高而益高。"聪明不是用来显摆的，出头的椽子必然先烂。做人做事，还是糊涂一点好。

聪明不是用来显摆的，是用来保护自己的 ◀◀◀

聪明或许可以为你带来一时的荣耀，但总有机关算尽时。聪明无错，但要看你怎样去运用自己的聪明，切不要"机关算尽太聪明，反误了卿卿性命"。

什么是聪明？摆在人前的那不叫真聪明，真正聪明的是那些懂得用高智商来保护自己的人！

日常生活中，常有这样一些人，或许就是你我，或许就在你我身边。他们本身是有一定才智的，只不过为人太过肤浅抑或是太过张狂，因而便有些不知所以，总带着"天下舍我其谁"的傲气，似乎将谁都不放在眼里。他们深怕别人不知道自己有几许才智，因而总是将自己表现得那般"特立独行"，以为这才是聪明人该有的范儿。

他们自以为是，自认为比别人的智商要高，于是总喜欢拿别人作比较，因而常招来别人的厌恶和反感；他们极爱卖弄自己的才华或能力，不管对某些问题有多少了解都敢夸夸其谈，可真是"无知者无畏"；他们总是觉得别人不了解自己，于是想方设法去博得别人的赞赏和肯定，并为此自鸣得意；他们耳根子偏软，容易人云亦云，不能识大体，总是纠结于细枝末节；他们过度自信，往往在尚未弄清事情原委的情况下，便妄下判断、肆意揣测，很是急功近利。心理学家为他们的这些"特性"起了一个颇为贴切的名字——"小聪明综合征"，这是对"自我"评价过高的病态心理，往往会为自身招来灾祸。

三国时有这样两位名士，一是祢衡，一是阮籍。

我们先说祢衡。祢衡少有才学，被称为"天下奇才"，经孔融之手推荐给曹操。不过，祢衡对此并不领情，甚至仗着才学，冷嘲热讽辱骂曹操。时值曹操用人之际，要顾全自己的形象，不愿留下"杀才"的恶名，心中虽怒，但也不好痛下杀手，于是便将祢衡打发至荆州刘表处。

刘表素闻祢衡之名，对他的才学非常倾慕，于是将其奉为上宾，礼待有加，并让祢衡掌管文书。但祢衡就是改不了目空一切的毛病。一次，祢衡不在，刚好有一份文书要起草，刘表便叫来众文书一同下笔，谁知祢衡回来以后，草草看了一眼便将文书撕得粉碎，还连称写得太臭，于是自己挥笔又重写了一份。祢衡写得虽好，但却因此得罪了众文书，再加上他日渐傲慢，不将刘表放在眼里。于是没过多久，他又被打发到江夏黄祖那里，因为刘表也不愿留下"杀才"的恶名。

黄祖虽说是个大老粗，但还不至于随意杀人，况且祢衡与黄祖的长子黄射又是好友，倘若他能收敛一些，当不至于招来杀身之祸。事实上，祢衡刚到江夏之时，黄祖对他也着实不错。只可惜，祢衡没过多久就又旧态复萌。他恃才傲物，当众辱骂黄祖，且怒骂不止，黄祖不比曹操、刘表，有那么深的城府，他盛怒之下便结束了这位青年才俊的性命。那一年，祢衡才26岁。

祢衡的死让人惋惜，但也着实是他咎由自取。在那样一个群雄逐鹿、杀人如麻的乱世，文人墨客本就不太受重视，偏偏他就不知天高地厚，自以为才智了得，视天下诸侯如无物，屡屡恃才傲物，出言不逊，无礼至极，可以说，他的死是必然的。

我们再来看看阮籍：

这阮籍也是一方名士，也曾年少轻狂，但他显然要比祢衡聪明得多。自从好友嵇康死后，眼见"天下名士减半"，阮籍便收敛起了性情。他心里向着曹魏皇室，却从不直接与司马氏作对。每每司马昭试探他的政见，他总是以"发言玄远、口不臧否人物"应付过去。

阮籍爱饮酒，这不仅仅是因为他天生狂放，更重要的是可以借酒避祸。他曾连醉60日，躲过司马昭的联亲之谋。他心知自己声名在外，多说必然招祸，于是索性将自己喝得舌头僵硬，不能多言，而且即便说错什么，也完全可以借"醉酒"之名，躲过责难。

阮籍善写诗文，但用词虽慷慨激昂却隐而不显。南宋诗人颜延年曾这样说道："嗣宗身仕乱朝，常恐罹谤招祸，因兹发咏，故每有忧生之嗟。虽志在刺讥，而文多隐避。百代以下，难以情测。"

显而易见，阮籍的醉并非真醉，而是在装糊涂给人看，这是真正的形醉而神清，是真聪明、大智慧。否则，他的下场恐怕也比祢衡好不到哪里去。

我们为人处世，不够聪明、没有智慧俨然是不行的，但聪明与智慧有时确实需要以它的反面——笨拙与糊涂来体现，这便是所谓的大智若愚、大巧若拙。亦如郑板桥所言："聪明有大小之分，糊涂有真假之分，所谓小聪明大糊涂是真糊涂假智慧。而大聪明小糊涂乃假糊涂真智慧。所谓做人难得糊涂，正是大智慧隐藏于难得的糊涂之中。"

从理论而言，倘若一个人的智商高出正常值，那么这个人就应该是聪明的，就应该更容易捕获成功。但事实上，根据一统计数字显示，在成功人士中，只有一成左右的人是智商超群的，其余的九成人智商也不过是普通人水平，而他们之所以能够成功，就在于更擅长将智商转化为智慧。

事实上，聪明与智慧并不是一回事。聪明是从娘胎里带来的，是一种灵动，它可以带给你光辉，但倘若运用不好，处处耍小聪明，对你而言反而是一种伤害。

有智慧的人则不同，他们可能聪明也可能不聪明，但可以肯定的是，他们肯定有着长远的目光，善于谋断，懂得自保，因而他们的路总是比那些所谓的聪明人走得更加稳当、顺畅。

其实，聪明只是上天赐予我们的一笔无形资产，而这笔资产能否发挥真正效用，关键还在于我们怎样去运用。真正聪明、有智慧的人，大多深藏不露，时机不成熟，绝不轻易露锋芒，以免令人眼红、招来祸端。反倒是那些肤浅之人，总是爱卖弄自己的小聪明，无论必要或不必要，不管合适不合适；时时处处总想显摆一番，这样的人别说与成功不挨边，能无祸无灾地走完一生，也算是很幸运了。

枪打出头鸟，并不是堵枪眼儿的才叫英雄 ◀◀◀

枪打出头鸟！过于高调、过分招摇，你首先就会成为别人的眼中钉、肉中刺，极易受到狭隘之人的攻击。做人应忍得了寂寞、受得了清冷，将自己的表现欲控制在合理的范畴之内。如此，一则可使自己谦虚进取，二则可以保护自己不受损害，有利于自身才智的发挥。

民间有句俗语："枪打出头鸟，出头的椽子先烂。"仔细想来，确是金玉良言。人性就是如此丑陋，总是容不得别人比自己好，眼见着别人胜过自己，便难免要眼红。于是，那些品行高洁犹如白璧之人，往往最易受到污损；那些品性刚直、宁折不弯之人，往往最易受到摧折。文人墨客有感于斯，说得颇为清冷：木秀于林，风必摧之；堆出于岸，流必湍之；行高于人，众必非之！

这种道理甚至连小孩子都懂，《后汉书》中便有童谣唱道："直如弦，死道边；曲如钩，反封侯。"当然，这样的情形我们都不希望看到，但事实终究是事实，很多时候、很多场合，根本不允许你去"充英雄、做好汉"，要想好好过活，你就得"夹着尾巴做人"。当然，这也并不是说我们一定要低眉顺目，极尽奉承之事，做毫无原则的忍让与承受，只是让我们低调一点。

其实这很容易理解，你露出锋芒，就不可避免地要刺痛身边的很多人，而很多人确实又是狭隘、自私的，他们岂能容你这般"放肆"？纵然当面不与你为敌，也往往会在背后做出阴损的勾当，伤你于无声，毁你于无形，简直令人防不胜防。

所以，那些精于世故之人，多是锋芒内敛、韬光养晦的，他们绝不会傻傻地去做"出头鸟"，让人当靶子打。他们遇事能忍则忍，谁愿出风头就让谁去出，不眼红也不嫉妒，坚决不去做那个"悲剧性人物"。然而，在每一个历史时期，也总有那么一些人是不识趣的，他们或许很有才华，或许自负甚高，但偏偏就是头脑不够用，总以为"堵枪眼"的才是英雄，因而也就注定了他们悲剧的一生。

"兴酣落笔摇五岳，诗成笑傲凌沧洲！"如何？有气魄，够豪迈吧！但作者的命运呢？

李白算得上是千古难遇的奇才，他的诗雄峻豪迈，读过之后总有一种荡气回肠的感觉滞留心田。然而，或许正是这份雄峻豪迈毁了李白的仕途乃至他的一生。

李白到长安考进士的时候，因为没有贿赂太师杨国忠及太尉高力士，卷子被当场批落。且被出言羞辱："这样的文章也敢来考试？只配给我磨墨。""磨墨也不配，只配与我脱靴。"

杨国忠、高力士大家都知道，那是十足的佞臣、小人，朝中看不上他们的人固然很多，但畏于二人位高权重，鲜有人愿意去得罪他们。不过李白就是不信这个邪，他一直记着考场上的耻辱，总是思考着如何一雪前耻，要这两个小人好看。

一次，渤海国使臣携国书来唐。当使臣递上国书时，满朝文武竟无一人能识，玄宗大怒，定九日之限，若找不到人识得渤海国书，满朝文武一律问罪。这时贺知章向玄宗举荐："臣结识一位秀才，名叫李白，才气过人，博学多能，要辨识渤海国书，非他不可。"玄宗立刻派人去找李白，并赐他进士及第，穿紫袍金带。

当着使者的面，李白用渤海国语高声朗读国书，使者听李白读得音调铿锵，一字不差，不禁暗暗吃惊。随后，玄宗又命人在自己的龙椅旁设一张七宝床，叫内侍取来白玉砚、兔毫笔、龙香墨、五色金花笺，就命李白当堂起草诏书。

这时，李白说："臣的靴子不干净，恐踩脏了席子，望皇上开恩，允许臣脱掉靴子。"玄宗准奏，让一个内侍去给他脱靴。李白不肯，说道：

"望陛下恕罪，臣见杨太师和高太尉站在前边，神气不旺，请陛下命杨太师给臣磨墨捧砚，高太尉给臣脱靴系袜，臣这才能精神旺盛，提笔写诏书。"玄宗此时正是用人之际，便下旨杨、高二人侍奉李白。二人自然不敢抗旨，但心中却恨不得将李白碎尸万段。

李白心中快意非常，挥笔疾书，字字铿锵，大写唐之强盛、人才济济，告诫渤海国王做事要三思，不要冒险，自取灭亡。渤海国王见诏书中写唐朝国力强盛，也就不敢发兵侵扰，从此臣服。

这一次李白立了大功，唐玄宗又颇为爱才，便赐其翰林学士，将其留在朝内，常召其饮酒写诗。李白为杨贵妃作《清平调》三首，贵妃十分受用，亲自斟一杯西凉葡萄酒，赐予李白。李白越是受玄宗和贵妃器重，杨、高二人便愈发嫉妒、愤恨。那天，杨贵妃重吟《清平调》，高力士趁机进谗："奴才以为娘娘听了李白这首诗，会恨入骨髓，哪知却是这样喜欢。"杨贵妃不解："此话何意？"高力士忙说："词中'可怜飞燕倚新妆'，分明是将娘娘比作赵飞燕。飞燕是什么下场？与人私通，后被废掉。李白这不是在有意毁谤娘娘吗？"杨贵妃闻后果然恼恨起李白，此后便常常在玄宗耳边吹风，说李白的不是，再加上杨、高二人的推波助澜，渐渐地，玄宗也就疏远了李白。

李白因为风头太健，自然惹人嫉妒，又恃才狂放，得罪当朝权贵，已然无法在朝中立足，于是被玄宗赐金放还。可叹，李白虽有满腹才学，又有一腔报国之志，却始终无用武之地，一生不得志，郁郁而终。

其实以李白的才华，又得玄宗眷顾，若能低调、收敛一下，不去做"出头鸟"，不与杨、高二人交恶，想必他二人自会与李白"尽释前嫌"。虽不必与这等小人同流合污，但只要能够互不侵犯，想必李白一生也不至于落魄至此。偏偏他就是转不过这根筋，偏要去做那个堵枪眼的"英雄"，可叹，可惜！

事实上，历史上但凡能做一番大事的人，无不"身怀绝技"，但同时他们也懂得"强中自有强中手"的道理，因而无不深藏不露，伺机而动，从不轻易暴露自己的才能，更不会让自己风头太健、尽露锋芒，以避免招来别人的暗算。这才称得上是真正的聪明人。

然而有些人，他们根本称不上有什么才智或是美德，却偏爱出风头，深怕别人不知道自己有几斤几两，这样的人多是成不了大事的。我们应该以此为警示，在平时忍住显示自己才智的欲望，在关键时刻克制自己"充英雄"的冲动，如此才可以获得更多的机会，同时也可避免因过分高调而带给自己的伤害。

过度彰显自己，小心上司怀恨在心 ◀◀◀

古语有云："君子之才，玉韫珠藏"。为什么？说到底还是一种自我保护。

毫无疑问，谁都希望自己能够才华横溢，但有了才华就处处炫耀则极不可取。我们说，人要懂得适当表现自己，如此才能让别人知晓你的能耐，才能为自己争取到施展才华的空间。但请注意，这个表现一定要"适当"，要"犹抱琵琶半遮面"，既可以让人知道你有才智，又要避免使对方感到如芒在背，这个火候需要你好好把握。

这一点在职场上我们尤应注意。虽说做上司的应该有气度，应该能够知人善任，但上司终究也是人，也免不了要有虚荣、嫉妒的心理。事实上，多数领导者都希望自己在处理各类事务时表现得比他人高明，这是"为官者"的一种通病。所以你要认识到，自以为是的高明总是讨人嫌的，尤其是会引起同事及上司的反感。因为对于上司而言，才智就是他的一面"广告牌"，是他的威严所在，他可以容忍你在运气上比他好，但很难容忍你的才智超过他，倘若你不知进退，一味地彰显自己，那无异于犯了"弥天大罪"，你的前途便危在旦夕了！

只可惜，总有那么一些人对此不以为然，去"冒天下之大不韪"，他们的结果可想而知，这类人的典型代表当属三国时的杨修。杨修的悲惨结局，是由这样几件事决定的。

场景一：相府建造花园，刚刚造好大门的构架，曹操便亲来查看。看后，曹操为了卖弄自己的智慧，与工匠们打了个哑谜，他在门上写了一个活字，便不声不响地离开了。众人不解其意，唯杨修不知深浅，说道："'门'内添'活'字，乃'阔'字也。丞相嫌园门阔耳。"众人点头称是，于是立刻改造。过几日，曹操又来查看，见状不禁问道"是谁解此意？"众人答是杨修，曹操虽然口上称赞，心里却隐隐有不快之感。

场景二：塞北送来一盒酥，曹操提笔在盒上写道"一盒酥"。恰巧杨修进来，见字竟不待曹操说话，径自取汤匙与众人分而食之。曹操问其缘故，修答："盒上明书一人一口酥，岂敢违丞相之命乎？"曹操听后，虽嘴上夸杨修才智，可心中已然厌恶至极。

场景三：曹操要试二子才能，命曹丕、曹植出邺城的城门，又暗中告诉门官不得放行。曹丕先到，无奈而返；曹植不知所措，问计杨修，杨修告诉他："你奉魏王之命出城，谁敢拦阻，杀掉便是。"曹植依言而行，斩杀门官，走出城去。曹操得知以后，深为儿子的才干欣慰，但是待知道真相以后，则愈加气恼。

场景四：曹操多疑，常恐有人暗中加害，故谎称自己在梦中好杀人，告诫左右在自己睡着时不得靠近，并因此故意杀了一个替他拾被子的侍从。厚葬此人时，曹操哭得一塌糊涂，那自责之情令众人闻之涕下，唯独杨修喟然叹道："丞相非在梦中，君乃在梦中耳！"曹操听了这话，便已下定决心要除掉这个不知轻重、没深没浅的家伙。

场景五：建安二十四年，刘备进军定军山，五虎大将之一的黄忠斩杀夏侯渊，曹操亲自统军迎战刘备于汉中。谁知战事吃紧，双方形成对峙之势，曹操进退两难，欲进不能胜，欲退又恐人耻笑。某夜，曹操正自烦闷，夏侯惇入帐求问夜间号令，恰巧厨子送来一碗鸡汤，内有根鸡肋，曹操随口说道："鸡肋！鸡肋！"杨修得此号令以后，随即叫随从收拾行装，准备归程。夏侯惇甚是惊恐，将杨修叫到帐内询问详情。杨修答曰："鸡肋鸡肋，弃之可惜，食之无味。今进不能胜，退恐人笑，在此何益？来日魏王必班师矣。"夏侯惇深以为然，亦收拾起行装，一时间营中各位将士纷纷效仿。曹操巡夜，眼见此情此景，气得须发倒竖，大怒道："匹夫怎敢造谣乱我军心！"于是，喝令刽子手将杨修推出辕门斩首，以振军威。

事实上，杨修所料不差，曹操后来确实是退兵了，但这种事他心里有数即可，又岂容你一个小小参军表现得比他这个三军统帅高明？杨修聪明不聪明？聪明！单从他数次猜透曹操心思来看，足见其过人之处，但这样一个聪明人偏偏办的都是糊涂事，究其根由，还是杨修这个人太爱显摆，最终为自己招来了杀身之祸。

《孙子兵法》中说："善守者，藏于九地之下。"意思是说，善于防守的人，仿佛能将自己藏于深地之下，令敌人无形可窥。我们做人做事亦应如此，不要将自己过分暴露于人前，以免成为众矢之的。尤其是在职场上，当你的地位不足以张扬之时，最好就老实、安分一点，要高效做事、低调做人、稳扎稳打，切不可好大喜功、事事张扬，否则你就等着上司给你穿小鞋吧！

聪明人不应该让上司感到你比他强，更不可令其感到"随时会被取而代之"的威胁存在，虽然如今已不会再有曹操那样草菅人命的暴君，但妒贤嫉能、刚愎自用者却大有人在。这类上司心胸狭隘，唯恐下属超越自己，因而会不择手段地对能力出众者进行打压。或许你的上司并非如此，但做人还是低调一点好，请记住：是星星就不要比月亮亮！无论你的上司心胸狭隘也好，胸襟开阔也罢，收敛锋芒对你而言都是一种保护。你要知道，纵然是再豁达的人，也都有那么一点自私的，你以为上司大度，便可以肆意招摇，那便大错特错了，试想，如果别人屡屡抢你的风头，甚至取你而代之，你会心甘情愿吗？

所以我们千万不要让自己在职业舞台上成为聚光灯的焦点，或许你只是希望通过表现来获得上司的好评，但这种表现切记不要过火，否则便极有可能会触犯职场的潜规则——激起上司的畏惧与不安。身在职场，环境复杂，我们有必要时刻保持清醒，任何时候都不要当着上司的面一味表现自己，更不能当众抢上司的风头。在上司面前，我们还是表现得愚钝一点为好，抢上司风头，并不能说明你的聪明，反是用愚钝来衬托上司的明智才是高招。

看破未必要说破，糊涂的人最精明 ◀◀◀

聪明难，糊涂尤难，由聪明而转入糊涂更难。"放一着，退一步，当下安心，非图后来报也。"

中国的智者历来是很推崇糊涂哲学的，孔子提倡糊涂，为其取名为"中庸"；老子提倡糊涂，为其取名为"无为"；庄子提倡糊涂，为其取名为"逍遥"；墨子提倡糊涂，为其取名为"非攻"。到后来，郑板桥研究了半天，忍不住发出一声长叹"难得糊涂"。糊涂之难，就在于明白太难，人若真的能把这世事看明白、想清楚，自然而然便会进入糊涂境界，闭眼视人，睁眼视己，不求事事明白，但求问心无愧，淡看人世是非，乐得自在逍遥。

只是可惜，多数人总是悟不透、做不到，遇事非要说个一清二楚、辨个明明白白，到头来才发现，太较真反而会让自己失去很多快乐，才发现很多朋友正是因为自己凡事"太明白"才日渐远离，于是又有人说"水至清则无鱼，人至察则无徒"，并希望后人能够以此为戒。

其实，做人真的没有必要活得那么清醒、那么计较，自己太累，别人也不舒服。你要知道，"金无足赤，人无完人"，是人便不可避免地要有这样那样的缺点，你的眼睛若总是能够看到别人的缺点，谁又愿意接近你呢？做事亦是如此，只要不是原则性问题，我们大可以睁一只眼闭一只眼，没必要把事情搞得太明白。搞得太明白、分得太清楚，别人会害怕你的苛责，讨厌你的计较，对你当然是能避则避、能躲则躲。

譬如这世间很多事，能看破是你的本事，但你真的没有必要把它们都说破。事实上，这世间的聪明人不止你一个，一件犯忌的事，很多人都已看破，但大家都憋着不说，他们都在等，等的就是那个自以为是的家伙去戳破，然后便可站在一旁看笑话。

你总不愿意去做别人的笑柄，去充当炮灰吧？那么最好就让自己活得糊涂一点，你固然聪明，但也不要表现过头。所谓"天黑路滑，人心复杂"，很多事情说破了对你没有半点好处，反而是"心照不宣"才是难得。人常说"观棋不语真君子"，讲的也是这个道理。楚河汉界，双方博弈，纵然当局者迷，他也不希望别人多嘴——你能看破而他看不破、你的棋走得比他高明，这对弈者而言无疑就是一种触犯和侮辱，纵然你说得都对，但也不会得到博弈者的认可。像这种吃力不讨好的事情，我们为什么要做？

从另一个方面说，是人就总会犯错，但人们对于自己的错误，往往会在心里对自己承认，却绝不希望被别人当面指出来，倘若有人犯此忌讳，他们绝对会极力排斥。原因很简单，这种举动俨然是没有顾及对方的感受，没有将人家放在眼里，试问若有人硬将鱼刺塞入你的咽喉，你能否忍受？

生活中我们常遇到这样的场景：某人买东西买贵了，事后他心知自己成了冤大头，心中已然有几分难受，偏偏这时又有人来显摆自己的精细，左一口一个"买贵了"，右一口一个"上当了"。你想，这时当事人心中会作何感想？他势必要为自己辩解一番，倘若这时对方仍然不知深浅，继续指点当事人的错误，那么双方便很有可能"唇枪舌剑"一番，就此不欢而散。

但倘若那个人能含蓄一些呢？倘若他能够对这件物品先给予肯定，然后以羡慕的口气表示，自己若是能用上这么昂贵的东西该有多好，想必当事人心里一定会舒服很多，甚至他会坦诚地承认自己是受了骗，当了冤大头。这样的结果岂不是皆大欢喜？这便是糊涂的效果。

其实有时候，孰对孰错、孰是孰非都不重要，只要无关原则，给人一个台阶下又如何？话，真的没有必要说得太明白，即便事实就摆在那里，你又何必要去说破？让自己糊涂一点，相信没有人会认为你是白痴，反倒是你事事说破，更会让人怀疑你的智商。

若说这世间，其实并没有绝对的糊涂与明白，若想让自己活得自在快乐一些，你就要把持好这个度，该糊涂时就糊涂，该明白时再明白。很多事，看破了你也别去说破，这样你与别人的关系才能和谐。

看破不说破，这是阅尽沧桑之后所总结出的一种智慧，你我都应以此自戒。话到嘴边留半句，这说明我们只是半成熟，话到嘴边咽回去，我们才是真正长大了。

第十三章

坚持奋斗，不要总是努力找工作

在商言商，老板创立企业终归是为了谋利。对于老板而言，能达到工作要求，那么你合格；能比他们的要求略高一点，那么你有培养价值；倘若你总是能够创造比老板的期望值更多的价值，那么，他们会对你委以重任。相反，倘若你在工作中充满惰性、时常抱怨、得过且过，那么你一定会被排斥或取代。有这样一句话请记住：今天工作不努力，明天努力找工作！

不想别人炒你鱿鱼，遇事就别总抱怨 ◀◀◀

抱怨是种病，沾上就要命！很多人都在抱怨自己时运不济，别人的成功看似轻而易举，而自己却总是在成功的边缘打转。其实他们不知道，导致他们失败的罪魁祸首正是他们自己。

人活着，为了养活自己及家人就免不了要出去工作，除非你的祖辈、父母为你留下了足够挥霍的资产，可是绝大多数人并不是这样。

对于工作，我们每个人都有自己的憧憬，但现实有时的确未能尽如人意，我们可能无法在自己喜欢的岗位上做自己想做的事情，可能遭遇各种挫折和失败，于是抱怨开始产生，并在职场上蔓延开来。关于抱怨心理，一位哲人形容得很贴切："我们抱怨，是为了获取同情心和注意力，以及避免去做我们不敢做的事。"事实的确如此，抱怨只是弱者的行径，只是在自怨自艾，而对于现状根本没有丝毫的正面作用，其结果只能是害了自己。

一方面，抱怨至多会令人的心态愈发消极，每每遇到难事，首先想到的不是怎样去解决，而是"为什么这样不公""凭什么这样对我"，这种阴霾甚至会持续笼罩在人的心头，令人久久走不出灰暗。

另一方面，抱怨最多也就只能赢得一些虚伪的宽慰之词，使自己的不满情绪暂时得到缓解，但却会对人的职业生涯产生极大的负面影响。人在抱怨心理的持续作用下，思想会开始动摇，进而开始敷衍了事，于是职业道路越走越窄，甚至有可能被要求"卷铺盖走人"。

我们一起来看看下面这个案例：

周爽在一家金饰商店做销售员，做了五六年却连个主管都没当上，她为此愤愤不平，常向朋友抱怨老板有眼无珠，又说同事心机太深，朋友们对此也是将信将疑。

一次，某朋友前往金店看望周爽。周爽不停地和朋友交谈，对于进门的顾客却置若罔闻。一些顾客本想向周爽咨询问题，但眼见此情此景又都纷纷走开了，一连来了四名顾客都是如此。待第五名顾客忍不住开口询问时，她却来了句"买得起就买，买不起就别看。"气得对方红着脸摔门而去。由此，朋友算是知道周爽为何久久不能升迁了。

两个月以后，这位朋友又去看望周爽，却被告知她已经被解雇了，原因是消极怠工。

其实，现实生活中像周爽这样的人并不少，他们总是抱怨工作不如意，却不知道这"不如意"往往就是自己亲手导演的。他们并不是运气比别人差，只是别人都将精力用在了工作上，而他们却在浪费时间与精力不停地抱怨，如此又怎么能成功呢？

那些真正优秀的人从不抱怨，因为他们知道，抱怨再多对于改变现状而言也是无济于事，而只有行动、只有努力，才是解决问题的根本途径。

那么，你还在抱怨吗？还在抱怨自己学非所用、工作环境差、薪资待遇低、空有满腹才华而无人赏识吗？若是如此，请停下来吧，不要再抱怨，请将重心转移到努力工作上来。正所谓"苦心人，天不负"，只要你肯努力、肯务实，成功离你就不会太远。一个真正优秀的人应该有这样的决心与志气——即便生活给你的都是垃圾，你也要发现垃圾的用处，将垃圾踩在脚下，垫起人生的高度。

别人拿着高薪、做着轻松的工作那是他的事，你再眼红再抱怨又能怎样？无非给自己惹一肚子闲气，你的工作环境会因此变好吗？你的薪资会因此提高吗？都不可能。莫不如将这些琐事放在一旁，多想想怎样使自己得到长足进步，怎样去改善自己的生存状态，这不比在一边长吁短叹要强千百倍？

你真的要给自己一点紧迫感，因为人生短短数十载，真的没有太多时间让我们抱怨。想要争取到你认为的公平，想要使自己及家人生存得更好一些，从这一刻起你就要改变心态，停止抱怨，将目光放远一些，为自己的人生作一个长远、合理的规划，并为之矢志不移地奋斗下去。或许，在这个过程中我们还会遇到许多不如意，但记住，千万不要再让你的抱怨将本已接近的"好运"吓跑。

老板很现实，企业不养闲人 ◀◀◀

老板都希望用最低的工资聘用到最有价值的员工，员工则希望以最少的精力去完成老板交代的任务。但公司毕竟是以盈利为目的的，老板不会养闲人。

什么是闲人？"闲人"在《现代汉语词典》中有两种解释：其一，无所事事的人；其二，与事无关的人。著名作家贾平凹先生曾为古城西安的闲人们作过素描："他们大都在街上东游西逛，听到什么信息便会添油加醋地转卖给别人……"

那么，企业内部的闲人又会是什么样子呢？他们没多少事做，不是迟到就是早退，一有时间便走东屋、串西屋，到各个部门插科打诨、搬弄是非。这种人，往小了说会破坏公司氛围，影响同事关系；往大了说会影响公司的整体运转，阻碍公司发展。倘若你在一个公司中看到有这样的人存在，那么他要么与老板有裙带关系，要么就是不想在这家公司继续待下去了。

为什么这样说呢？你要知道，公司绝不是慈善机构，老板也不是什么慈善家，企业雇佣员工的根本目的是创造价值，倘若你毫无价值可言，那么留你又有何用？难不成钱多了烧手吗？所以，若不是沾亲带故，对于闲人老板是绝对不会容忍的。

基于此，有些朋友似乎应该注意了，不要把你的散漫带到工作中，即便你目前还没有达到"闲人"的程度。但若本着"当一天和尚撞一天钟"的态度去工作，相信老板也绝不会视而不见的，有一天，当有了合适的人选能够代替你的职位，他绝对会毫不留情地将你赶出这间"寺庙"。

那么，职场上究竟有哪些人不受老板待见、时刻处于危险的边缘呢？我们一起来看一下。

混日子型的员工。这种人对于工作的态度就是得过且过，他们并不把工作当回事，甚至连犯了错也是一副满不在乎的样子，在他们的意识里"天生我材必有用"，"此处不留爷，自有留爷处"，这种人看似过得舒服，其实早已被老板拉入黑名单。

好高骛远型的员工。这种人总觉得自己很了不起，又总觉得老板安排自己做现在的工作是大材小用。他们觉得自己的才能被埋没，心中不满，于是消极怠工，想必离走人之日也不会太远。

自由散漫型的员工。这种人最明显的特点就是没有时间观念，经常性地迟到、早退，虽然他们能够合格地完成本职工作，但企业毕竟是一个团队，有它的组织纪律性，老板又怎么会允许一个或几个人破坏整个团队的氛围呢？

其实，还有很多类型的员工在职场上不受待见，诸如浑水摸鱼型、争功诿过型等等，但相比之下，我们所列举的三种则更为典型、更为危险。倘若你身在其中，如果还想在这个单位继续待下去，就一定要有所改进，别让自己沦落为职场上极易被淘汰的"末位"。

此外，还有一点在这里我们有必要提一下。职场就是一个利益场，其实在老板眼中，没有苦劳，只有功劳，他不会看重你为公司效过多少年的力、流过多少年的汗，只会看重在你所效力的这段时间内为公司创造过多少价值。或者，即便你当初有过一定的业绩，但倘若此时江郎才尽，仅靠着老本过日子，那么老板多半也是不会给你留太多情面的。

这里有一个故事，或许会对大家有所警示：

老刘是某公司的元老级人物，经过十数年的苦熬，终于从一名普通的业务人员熬成了业务部经理，享受着优渥的薪资待遇。咸鱼翻身的老刘认为自己终于熬出了头，工作中不免有些倚老卖老，自以为是。

随着公司的发展壮大，公司陆续涌进一批新人，在老刘的业务部便出现了一位"新星"，这个年轻人论形象、气质、口才、能力，在整个业务部都称得上是数一数二，这不禁让老刘感受到了前所未有的压力，因为他除了资历老之外，真的没有什么可以值得炫耀的。

公司希望老员工能够多多提携新员工，以使他们尽快适应岗位，为公司的发展献一份力，但老刘出于私心，却人为地为这位新人设置障碍，尽量不让他接触核心人物，而是专挑那些难缠的业务让他去跑。

可是没想到这位员工硬是凭着一张嘴、两条腿，屡屡在"攻坚战役"中取得胜利，真是想抹杀都抹杀不了。另一方面，这位员工又极有耐性，对于老刘的打压，他一直忍辱负重、一声不吭，待人处世极尽谦虚、低调。所以几年下来，老刘的"全面遏制政策"非但没有成功，反而为这位"新星"赚取了不错的印象分。

反观老刘，或许是岁数大了，职位高了，人也就变懒了，他总是利用职务之便挑一些无足轻重却易于达成的业务去做，他的业绩可以说只有数量却没质量，又或者说他现在做的事叫个业务员就能胜任。公司领导对此已隐隐表示不满，认为他没有尽到做领导的职责。

但老刘却依然故我，自以为是元老，曾随着公司走过风风雨雨，到了该"颐养天年"的时候了，想必老板也不会太让自己下不来台。终于，老板忍无可忍，真的让老刘"颐养天年"去了——公司决定，由那名"新星"担任业务部经理一职，而老刘被调离岗位负责内务。

实际上，老刘已经处于可有可无的尴尬境地。

或许有些人对此并不在意——"有什么大不了的，到哪还不是混口饭吃！"但事实上，这极有可能会影响你以后的发展。试想，倘若你因不敬业而被辞退的事情在业内到处传播，会对你"另谋高就"造成多大障碍？而且，一旦养成这种习惯，那么你这辈子也很难做出一番成绩了。

总而言之，我们一定要认清一点，公司是一个经营实体，它创建的根本目的就在于创造利润，这便需要公司中的每一个员工去贡献自己的价值。倘若你没有价值可被老板利用，那么你迟早会成为一颗被弃的棋子。

身在职场的我们必须懂得：老板很现实，企业绝不会养闲人！所以不能"混饭吃"，不能仗着资历吃老本。否则，你的职场之路必然会越走越窄。只有出色，才能使你成为企业中不可或缺的人物。

每天多做一点 ◀◀◀

职场上，那些出类拔萃的人与普通人的区别在哪儿？答案是"就多了那么一点点努力"。虽然只是多了一点点的努力，但仅这一点点，就不是每个人都能够做到的。

"事不关己，高高挂起"——这是国人常挂在嘴边的俗语，或许，在处理日常事务时，遵循这一原则能够为你免除一些不必要的麻烦。但在职场上，若是揣着这句话走路，则绝对会碰壁。对于职场人士而言，若时时抱着"事不关己，高高挂起"的态度，那么他也就只能处于垫底的位置。

企业是一个整体，它的发展需要每一名员工尽心尽力。倘若人人"各扫自家门前雪，不管他人瓦上霜"，那么企业就不会实现真正意义上的强大，而个人自然也就无法得到长足发展。

"能者多得"，员工在企业中的地位，往往是与他的付出成正比的。正如美国塞文事务机器公司前董事长保罗·查来普所说的那样："不论是不是你的责任，只要关系到公司的利益，都该毫不犹豫地加以维护。如果一个员工想要得到提升，任何一件事都是他的责任。如果你想使老板相信你是个可造之才，最快的方法，莫过于寻找并抓牢促进公司利益的机会，哪怕不关你的责任，你也要这么做。"一名员工，倘若不具备足够的主人翁意识，将工作与酬劳分得清清楚楚，多一点付出都不愿去做，或者说做了就一定要得到回报，那么，他多半只会原地踏步。

你对于工作的态度、你的所作所为，老板心中一清二楚，这种印象会直接影响他对你的评价，从而决定着你的前途。所以说，在职场中打拼，切不可太小家子气，一定要放弃那种"拿多少钱，做多少事"的想法。倘若你每天能够多做一点，初衷不只是为了报酬，那么你往往会得到更多。

戴振国就职于国内一家大型IT企业，任销售部经理一职。前不久，公司开发出一款新的办公软件，但目前为止还未曾在市面上做过宣传。公司准备在正式做市场推广之前，先与一些信誉较好的老客户签订首批订单，这样一方面可以调动更多的资金，一方面可以给老客户做大幅度的让利，是一种双赢策略。

本着这种初衷，戴振国来到经常与其合作的A公司。A公司的老板不在，负责接待的人员为了赶着下班，同时觉得"这不关我事"，于是不咸不淡地拒绝了戴振国的推销，并含蓄地下起了逐客令。

碰了一鼻子灰的戴振国只好又来到B公司。凑巧的是，B公司的老板也不在，但接待他的工作人员非常热情。在了解到戴振国此行的目的以后，该工作人员认为这是一个很不错的商机，于是最后留下了戴振国的产品说明书及联系方式，并在翌日及时汇报给了老板。老板在进行实际考察之后，很快与戴振国签订了合作意向，两家公司因此都取得了不错的收益。而那位主动、热心的工作人员，也因此受到了B公司老板的重用，被擢升为客户部经理。

"世间自有公道，付出总有回报"，一个人想要自己的职场之路更加宽阔，获得更多的机遇，就不要将工作中的"分内之事"与"分外之事"划分得那样清楚。要知道，做一点分外工作其实也是一个学习的机会，平时多做一点，你对业务的掌握就更全面一些，老板不会对此视而不见，这对你是有利无害的。

著名投资专家约翰·坦普尔顿就曾经通过大量验证得出这样一条结论："优秀员工与普通员工几乎做着同样的工作，前者仅仅是多做了一分努力，其成绩却与后者有着天壤之别。"在职场中，尽职尽责完成本职工作的人，充其量只能说是称职，而那些"每天多做一点"的人，才能称得上足够优秀。

所以说，我们不应该时时想着"老板能给我多少"，而应多想想"我能为老板做什么"，尤其是对刚刚踏入职场的年轻人而言更是如此。或许，我们最初的工作并不尽如人意，但这也只是个开始，并不意味着你一辈子都会这样。你要想摆脱现状，出人头地，那么就绝不能有"当一天和尚撞一天钟"的想法，你应该多找一些事情来培养自己的能力，并借此引起老板的注意。

一个人能否在平凡的岗位上脱颖而出，这一方面取决于他的个人能力，一方面则取决于他的工作态度。要知道，所有企业的老板都会为那些有责任心、肯付出的员工大开绿灯。可以说，"每天多做一点"是一种聪明的工作态度，如果你做了，就等于为自己播下了成功的种子。

远离是非，保护自己 ◀◀◀

说什么别说闲话，惹什么也别惹是非！陷入是非圈中，随之而来的便是接踵而至的麻烦！轻则会令你灰头土脸，重则会让你里外不是人。所以，我们不要试图做"兼济天下"的"圣人"，还是好好地"独善其身"吧。

有人的地方就有江湖，办公室就是一个江湖，恩恩怨怨、是是非非每天都在发生着，说不清道不明理不顺。你置身于这个江湖中，若想纤毫不染似乎不太可能，但你可以尽量将自己择得干净一些，对于那些恩怨是非，你能躲便躲、能躲多远便躲多远，以免到头来惹得自己一身是非。

你要知道，是非事小，但是非背后麻烦多，是非所带来的负面效应会让你受不了。或许你是个刚正不阿的人，遇到了看不惯的事情就忍不住要"挺身而出"；或许你是个心直口快的人，心里总是藏不住事……但无论你是哪一种人，都请记住这句忠告：洁身自好，远离是非！

或许有的人要说，我并不想招惹是非，但是非总是来找我，我能怎么办？

确实，这种情况并不少见，譬如，平日要好的两位同事竟分别在你面前说对方的坏话，但他们表面上却秋毫无犯。这确实令人挺为难的。若两面都说好话吧，他们会认为你是墙头草，若顺着其中一方说，又怕得罪另一方，真的是左右为难。但事实上，只要你能摸准对方的脉，应对这种尴尬局面其实也不是什么难事。

一般来说，出现这种情况会有两种可能：

一是当时双方出现矛盾，但又不想撕破脸，恰恰二人都是心胸狭隘之人，于是便想找个关系不错的第三者倾诉。这种问题比较容易解决，你只需以同样不咸不淡的态度对待两人，当他们发现自己的"遭遇"并没有引起你的同情时，自然会自认无趣，于是便会去另找人倾诉，如此一来，你便轻而易举地金蝉脱壳了。

另一种可能是两人都别有用心，意在试探你对他们谁更好一些。若是这种情况，你就该明确自己的立场了。既然他们不仁，那你也不必太过仁慈，你完全可以还以颜色："对不起，那是你们的事情，我对此没兴趣。"如此一来，他们碰了钉子，必然会知趣而退。

有人找你去做"和事佬"，这也是一种麻烦。办公室中的人因为存在竞争关系，是故总是亦敌亦友，或许今天是搭档，明天就成了对手；或许今天是对手，明天又成了朋友。对于他们之间的尔虞我诈、勾心斗角，你尽量不要掺和，否则就会有数不清的麻烦缠上你。

譬如，发生矛盾的双方希望化干戈为玉帛，而自己又不好意思主动出面，遂拉你来做和事佬。遇到这种事情，你大可不必急着推却，毕竟这是在做好事，人家求你也可以说是看得起你，不要太拂人家面子。只不过，你在做好事之余要记得另外给自己做一些保护工作——不要太投入，给自己的言行留个底线，超越这个底线的事情千万莫做。你完全可以只做个"陪客"，只起一个搭桥的作用，而对于谁是谁非这类事情不要发表任何不合时宜的评论，以免留下后患。

对上司不满，这也是一个稍不留意就会掉进去的是非旋涡，你要多加留意。事实上，在职场上对上司不满的人比比皆是，他们或认为上司有眼无珠，或认为上司处事不公，或认为上司公报私仇、有意刁难……这是一个很难解的题，你既不能站在上司一边对他们不置可否——这样他们会视你为仇敌；又不能站在他们一边抱怨上司——若让上司知道绝没你的好果子吃。所以你要做的就是入耳封存，耐心地听他们去说，但不要妄加评论，更不要刨根问底。因为你一旦知道了详情，就会被确立"判官"的角色，到时便由不得你不说，这可就大为不妙了！

俗语说"隔墙有耳""好话不出门，坏话传千里"。在职场上混，一定要注意"闲谈莫论人非"，聪明的人绝不会让自己卷入办公室的是非旋涡之中，更不会信口雌黄去谈论别人的是与不是，这只会给自己招惹不必要的麻烦。

另一方面，你今天听别人说三，你就道四，时间久了，别人自然就会联想到"今天你当着我的面说他，保准他日又会当着别人的面说我"，如此一来，你在同事中的印象又能好到哪儿去呢？这岂不是猪八戒照镜子——里外不是人？

混职场的一条重要原则就是：不惹是非，别管别人如何，你只要做好你自己就可以了。在是非旋涡中打转无疑是愚蠢的，这样做——你什么也得不到，却会得罪很多人。

第十四章

坚守爱情，幸福就不会远离你

感情世界纵然充满变数，但只要真诚、用心，我们完全可以把握幸福。怕就怕我们不将幸福当成一回事，随意地挥霍，那么，幸福必将离我们远去。朋友们，该做什么心里应该有数，千万不要在人生的道路上犯糊涂。

对爱情苛刻，它就会成为你生命中的过客 ◀◀◀

　　"白马王子"与"白雪公主"大多只会出现在童话中，更多时候我们遇到的只是"普通男子"与"平凡女子"。对于爱情，我们不要太过理想化，因为那样，你或许就只能活在理想中。

　　有这样一个笑话：

　　说某女子将征婚条件输入电脑——1．要帅；2．要有车。电脑显示结果——象棋。

　　该女子不甘心，继续输入——1．要有漂亮的房子；2．要有很多钱。电脑显示结果——银行。

　　该女子仍不甘心，再次输入：1．要长得酷；2．要有安全感。电脑显示结果——奥特曼。

　　该女子有些恼火，将以上条件全部输入：1．要帅；2．要有车；3．要有漂亮的房子；4．要有很多钱；5．要长得酷；6．要有安全感。电脑显示结果——奥特曼在银行里下象棋。

　　虽然这只是一个笑话，但它确实反映出了社会上的一种现象——如今的青年男女在挑选配偶时，总是会罗列出很多条件，这些条件有的尚算合理，有的则近乎苛刻，不过他们倒并不觉得。于是，在迷迷茫茫中追问，在挑挑拣拣中过活，到头来，长叹青春易逝，上苍不公，没有为自己送来一位白马王子或是白雪公主。于是，我们看到社会上出现了大量的剩男剩女。

诚然，每个人或多或少会对爱情有些憧憬。男的多希望自己的妻子貌美如花，多才多艺，端庄典雅，贤良淑德；女的则希望自己的另一半英俊潇洒，风度翩翩，家财万贯，学富五车。但现实的状况是，能集这众多优点于一身的人毕竟只是凤毛麟角，大多数时候我们遇到的只是一些普通人，他们所能给予我们的或许就只是平凡但有可能很真的爱情。如果你将自己的幸福寄托在那种乌托邦似的梦想上，那么爱情就只会和你一次又一次地擦肩而过。所以在婚恋问题上，我们不妨适当"屈就"一下，不去苛求爱情的完美，我们才能找到真正的幸福。

这里有一个故事，不知大家在读过以后是否能领悟到什么。

谢云、庄慧、翟微自幼一起长大，好得不能再好。三个人中，论外貌，谢云当仁不让，她从中学到大学，可一直都是班花；论才华，翟微首屈一指，上学时她就有女诗人的绰号；唯独庄慧平凡无奇。

三个女人虽说情如姐妹，相助相惜，但在择偶标准上，却有着很大的差异。谢云渴望的是一段完美、浪漫的爱情，倘若找不到一个完美的爱人，则宁愿让如花之貌随着岁月慢慢变老；翟微追求精神上的幸福，希望找到一个与自己心有灵犀、风度翩翩的才子；庄慧倒别无所求，只希望找到一个有感觉、善良而对自己又好的男人。

后来，庄慧结识了肖亮，肖亮无论是才情、长相，还是家资都很一般，属于那种大众型的男人，但他的心很细，对感情认真，对庄慧呵护备至，他们就这样平淡而又幸福地恋爱着，直至走入婚姻的殿堂。

谢云一直在众里寻他千百度，无奈那人总是不出现在灯火阑珊处，她只能在清冷的岁月中品味着"曲高和寡"的孤独。

翟微倒是如愿以偿，找到了一位才华横溢的才子，无奈二人身上都充斥着文人的清高和孤傲，不谙方圆之道，两个人的日子过得并不如想象中那么好，又时常因为些许小事而争吵，无奈最后只得离婚。离婚后的翟微开始化悲愤为"食量"，生生将自己吃得如"瘦身男女"中的郑秀文一般。

如今再看这三人，还是庄慧过得最好。工作虽平凡，但还算顺利，虽无家财万贯，倒也和睦幸福。到现在竟美丽晚成，其甜蜜幸福的脸庞在经过岁月的洗礼之后，反倒更胜"形神憔悴""过度丰满"的谢、翟二人几分。

谢、翟、庄三人的故事，应该让我们对爱情有一个新的认识。其实，爱情并不一定要惊天地、泣鬼神、轰轰烈烈、地动山摇；也未必要花前月下、如漆似胶、激情澎湃、缠缠绵绵。真正的幸福是什么？它就是平凡的爱情中散发出的那一缕芬芳！只是，我们之中有太多人给爱情的定义太过美好。

如谢云，她追求浪漫、完美的爱情，以为这样的爱人才能给自己幸福。其实不然，这世间没有绝对完美一说，人也是一样，完美的恋人犹如镜花水月，只能出现在梦中。退一步说，纵然你找到了心目中的完美对象，但一旦进入了婚姻生活，浪漫的泡沫就会被瞬间击破，因为现实的生活根本不允许我们有太多的浪漫。对此，你会失望透顶，甚至认为是对方的伪装欺骗了你，你同样不会感受到幸福。

如翟微，她将精神共鸣与志趣相投作为唯一的择偶条件，或许她找到的爱人称得上优秀，但两个同样对爱情要求甚高的人又怎能完美融合？当"书画琴棋诗酒花"变成"柴米油盐酱醋茶"，两个人会同样对生活感到失望，两个同样清高孤傲的人又如何经营现实而又烦琐的生活？

庄慧所求不多，但恰恰是这种易于满足的性情令她得到了别人想得却得不到的幸福。

其实爱情并不像文人墨客渲染得那般绝美，爱情与幸福需要平凡与简单来沉淀，过分挑剔往往会丢失本该属于你的幸福。诚然，爱情需要一份感觉，爱情中的理想化色彩十分宝贵，但若是理想近乎苛求，标准变成了模式，我们的爱情便已脱离了实际，幸福根本无从谈起。

若是两相疑，怎能长相守？ ◀◀◀

爱是自私的，但自私也要有个限度，过多的猜忌与干涉无疑是愚蠢的。有道是物极必反，干涉太多，对方容易逆反；猜忌太多，对方必然感到厌烦；爱得太狭隘，幸福之火亦会随之熄灭。

夫妻之间的猜疑最要不得，它是感情破裂的一大隐患，是毁掉幸福的刽子手。古人云"人之相知，贵在知心"，又说"不相疑才能长相知"，其实在国外也有句俗语"疑来爱则去"，都是在说明婚姻生活中夫妻之间信任的重要性。

婚姻的幸福，爱情的美满，需要以彼此的信任为基础，无中生有的猜忌，武断、主观的结论，只会使夫妻双方产生间隙，倘若任其发展下去，那么"猜忌"就会变成"真相"，最终导致幸福的崩盘。

只是我们之中有太多人，或是对自己没有足够的自信，或是对爱人缺乏起码的信任，于是总喜欢捕风捉影，闻风就是雨，常常无端给自己设立一个假想敌。譬如，爱人近日常单独外出，就怀疑其是去与情人约会；爱人多接几个电话，就怀疑其是在与情人通话；爱人平时多加点班，就怀疑其与同事或领导有染；爱人可能劳累或是情绪不佳，拒绝与自己亲热，就怀疑人家在外有人……诸如此类，数不胜数，搞得自己不胜紧张。

是的，爱情与婚姻需要真诚与忠贞，人人都希望爱人对自己坚贞不移，这是人之常情。或许正因如此，我们对爱人的一言一行都表现得分外敏感，就像鲁迅先生所说的那样："见一封信，疑心是情书；闻一声笑，以为是怀春了；只要男人来访，就是情夫；为什么上公园呢？总该是赴密约。"正是这种草木皆兵的猜忌，令人与人之间的信任与理解日渐淡化，乃至后来的麻木——一开始时或许尚有解释的心情，说得多了也就随他任他了。而后越是猜忌越不解释，越不解释越是猜忌，终至彼此伤害甚至大打出手，导致婚姻走向无法挽回的结局。其实人世间的很多爱情悲剧，恰恰就是这样形成的。

莎士比亚的名著《奥塞罗》便是这样的一个悲情故事：

国王的女儿苔丝德蒙娜不顾一切地冲破家庭与社会舆论的阻挠，嫁给奥塞罗这样一个出身低微、长相一般的将军。婚后的二人世界曾一度非常美满、幸福。只是小人作祟，奥塞罗手下的一名军官尼亚古出于龌龊卑劣的私人目的，四处散播谣言，制造阴谋，挑拨他二人的夫妻关系。终于，奥塞罗经受不住挑拨，对忠贞的妻子产生了猜疑之心，在一个月黑风高的晚上，他狠下心用被子将苔丝德蒙娜活活捂死。故事的最后，奥塞罗得知事情真相，追悔莫及、痛不欲生，于是自刎以谢妻子在天之灵。

虽然这只是文学作品中的一个故事，带着几分渲染色彩，但类似的事情在我们身边不也是时有发生？多少个家庭因为猜忌而支离破碎？多少人因为猜忌而一时冲动犯下追悔莫及的错误？这应该令我们有所警醒！

两个人相爱，需要彼此尊重，而信任无疑就是我们对爱人最好的尊重。爱是自私的，但不应该自私到完全限制的地步。要知道，一个人嫁或娶了你，并不意味着他就此失去了人身自由，你不应该用猜忌的牢笼将他封锁起来，这样没有人受得了！

正常的情况下，你应该相信自己的爱人，相信他具有明确的是非观、正常的判断能力，知道什么该做、什么不该做；相信他是一个懂感情、懂尊重、懂自尊的人。你应该将爱人当作一个独立的人去看待，他们也有自己的自由，也需要婚姻之外的正常生活，他们做出某些举动或许真的有正当的理由，你不要想得那样龌龊。

爱人之间的信任，需要两人共同培植，婚姻之中的幸福，需要彼此来维持。你猜的未必都对，他做的也未必就是错，当心有疑云时，多听听对方的解释，有效的沟通能够很好地促进家庭的和谐。

如果你真的希望自己的婚姻能够和谐美满，那么就不要有事没事地胡思乱想，你心里添堵，他也不舒服。夫妻之间贵在一个"诚"字，幸福源于一个"信"字，若彼此都能以诚相待、忠贞不移、互相信任、尽释疑虑，那么，再大的风浪也无法撼动你们的爱巢。

孩子究竟是幸福还是累赘？ ◀◀◀

两个人在一起，怎么说都是一种缘分，尤其是有了孩子以后，这缘分之上更多了一份不可推卸的责任。孩子是上苍赐予我们的天使，是我们曾经爱过的证明，他需要我们的呵护，需要在我们的羽翼之下健康成长。所以，在做某些事情之前，请多想想孩子。

无论如何，有了孩子对于我们而言，应该是一种幸福的降临，但又有多少人将孩子视为一种"累赘"呢？倘若只是结婚尚未生子，你做错事，或许只能说你这个人不负责；倘若有了孩子依然我行我素，那么你就是极端地不负责，真的很让人鄙夷。

再怎么说，孩子是无辜的，你将他带到这个世界上，就要对他的成长负责，又怎能因为"大人的原因"而伤害孩子幼小脆弱的心灵呢？其实，纵然是一个幸福美满的家庭，也未必能培养出一个品学兼优、德智体美劳全面发展的骄子，更何况是一个破碎、残缺的家庭呢？

毫无疑问，家庭的破裂对于孩子的影响是巨大的，那些无休止的争吵，决绝地抛儿弃女、远走他乡，都会令孩子原本纯真无邪的心灵蒙上阴影，会给他们带来无数的心伤。孩子对于父爱或母爱的渴望以及那种欲求不得的失望，会让他们备受煎熬，乃至将这份煎熬转化为仇视、憎恨，于是，很多单亲孩子都在心理和人格上出现了扭曲，从而影响了他们一生的发展，这也是单亲家庭孩子犯罪率居高不下的根本原因所在！

这样的孩子是不幸的，是父母将自己不负责任所带来的后果强加到了他们身上，他们残缺的不仅仅是父爱或是母爱，甚至可能是整整的一生，但是，这是他们的错吗？

生活中，大量事实已经向我们证明，父母的一时冲动足以毁掉孩子的一生！

张强10岁时，父母因感情不和而离异，法院将张强判给了父亲。然而，张父对他的生活、学习、日常教育等等根本不放在心上。或许是婚姻的不幸令张父难以自拔，他养成了酗酒的恶习，而每每醉酒以后，则更是对张强棍棒相加。小张强就是在这样的环境下逐渐长大的，家庭暴力造就了张强极度叛逆的心理，终于在14岁那年，在父亲的一顿棍棒之后，张强选择了离家出走，从此与社会上的一些小混混整日混在一起。后来尽管在亲属的努力之下，张强被送到了妈妈身边，但妈妈已经重组家庭，张强的到来影响了这个家庭的生活，他不可避免地受到排斥，甚至连妈妈也视他为一个累赘。

就这样，张强又被妈妈送到一所寄宿学校，在寄宿学校的三年中，张母只给张强打过几次电话，更别提来看望他。眼见别的同学都有父母关爱，能在父母面前撒撒娇，张强的心里真的很不是滋味。在缺少关爱的情况下，张强变得越来越自卑、越来越孤僻。他很少与人说话，但只要谁不小心冒犯了他，他必定是对对方拳脚相加。这令原本就孤独的他更没有什么朋友，其实就连学校的老师也不是很待见他。

三年的学校生活很快过去了，毕业后的张强不愿回到父母身边，一时又没有找到合适的工作，于是衣食住行都成了问题。他不愿寻求别人的帮助，事实上他也没有能够出手相助的朋友，走投无路的情况下，张强动起了抢劫的念头。于是一天夜里，张强窜到某小区楼下，强行抢夺饭后归来的陈女士手提包一个，内含2000元现金及新款手机一部。

被捉拿归案时，张强流下了悔恨的泪水，那一年，他才17岁！

我们为张强的不幸感到惋惜，但更应指责的是他那不负责任的父母！孩子应该是含苞待放的花朵，但总是有一些狠心的父母，未待花儿绽放、果实成熟，便让他们过早地凋谢了！

做人，总要对自己的行为负责！倘若你自认为还不成熟，就不要急着成家；倘若你决定成家，就请善待婚姻；倘若你还没有做好准备，就不要急着要孩子；倘若你有了孩子，就请对他负责！那些有了孩子且孩子尚未真正长大，便吵闹着要离婚的人，真的很令人厌恶，无论你是出于什么原因，无疑都是对孩子的不负责。或许，你们彼此得到了解脱，但却苦了孩子。

孩子应该是为人父母的幸福，切不要将其视为一种累赘。为了孩子，请你约束自己的行为，不要出格。在日常的婚姻生活中，请多一点理解、多一点包容、多一点爱心、多一点责任，这样，你好，他好，孩子也好。

纵然婚姻真的已经无法挽救，那么也请你将对孩子的影响降到最低。虽然你们已经不在一起，但对孩子的爱请不要有丝毫的减少。若有时间的话，请多陪陪孩子；若有可能的话，一起带孩子去玩耍。起码，为人父母，我们要给孩子一个健康、完整的童年！